全國高中、中小學心理衛生教育指定參考讀本！
一部「導航式」的身體趣味知識「百科全書」！
完全圖解適合全家大小認識身體奧妙的典藏本！

完全圖解

健康情報新知

健康研究中心主編

前言

　　以《完全圖解‧認識我們的身體》出版之後，大受關心健康的人士的好評，所以我們也懷著感激的心情繼續製作《健康情報新知》這部作品，它可說是前一部的續篇，內容是強調「身體」與「健康」的因果關係與我們將有的「對策之道」。相信本書會給您帶來更美好的健康視角！

　　本書係透過解剖學的課程及實習等，教導醫學系學生與護理系學生關於醫學的基礎。對一般人演講時，也會儘量簡單明瞭的說明身體的構造與作用、為什麼會生病，以及保持健康應該注意哪些事項等等。

　　本書就是基於自己教學的體驗，利用簡易圖解的方式，將以往所學到的醫學知識中對於大家較有幫助的部分擷取出來，讓各位瞭解。相信本書對於一般社會人士，以及家庭成員兒童、青少年、父母都會有所助益！謝謝大家！

目 次

第6章　睡眠與健康

第7章　老化的構造

第11章　復健

附錄‧資料篇

第1章

身體的基本知識

①身體的基本知識

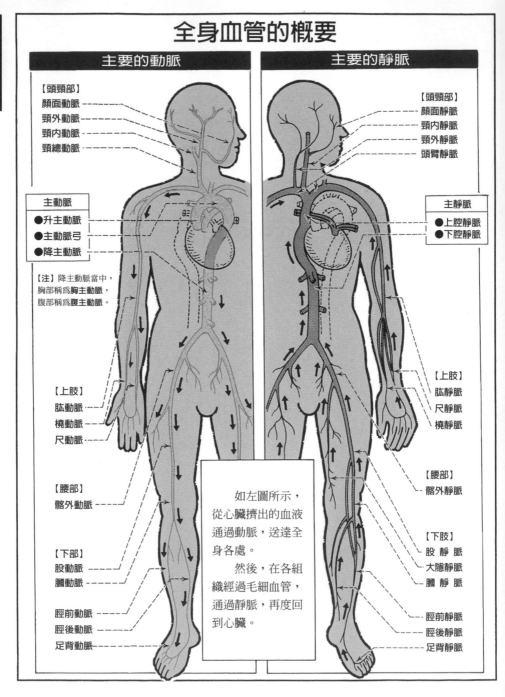

全身血管的概要

主要的動脈

【頭頸部】
顏面動脈
頸外動脈
頸內動脈
頸總動脈

主動脈
●升主動脈
●主動脈弓
●降主動脈

【注】降主動脈當中，
胸部稱爲胸主動脈，
腹部稱爲腹主動脈。

【上肢】
肱動脈
橈動脈
尺動脈

【腰部】
髂外動脈

【下部】
股動脈
膕動脈

脛前動脈
脛後動脈
足背動脈

主要的靜脈

【頭頸部】
顏面靜脈
頸內靜脈
頸外靜脈
頭臂靜脈

主靜脈
●上腔靜脈
●下腔靜脈

【上肢】
肱靜脈
尺靜脈
橈靜脈

【腰部】
髂外靜脈

【下肢】
股 靜 脈
大隱靜脈
膕 靜 脈

脛前靜脈
脛後靜脈
足背靜脈

如左圖所示，從心臟擠出的血液通過動脈，送達全身各處。

然後，在各組織經過毛細血管，通過靜脈，再度回到心臟。

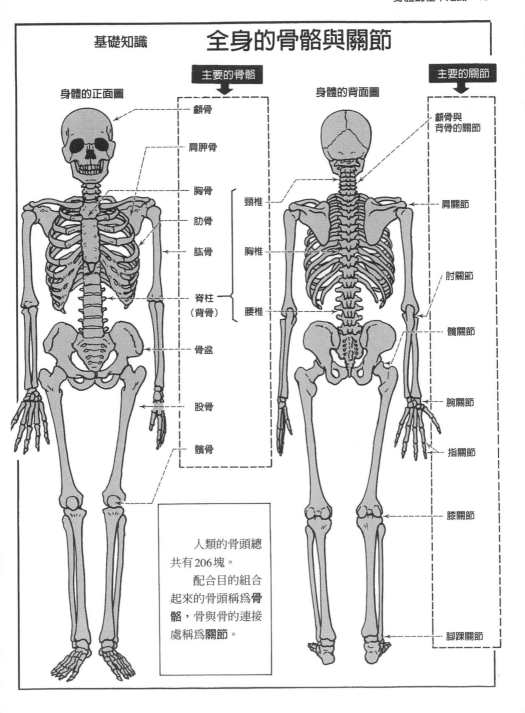

基礎知識　　　**全身的骨骼與關節**

主要的骨骼

身體的正面圖

顱骨
肩胛骨
胸骨
肋骨
肱骨
脊柱
（背骨）
骨盆
股骨
髕骨

頸椎
胸椎
腰椎

主要的關節

身體的背面圖

顱骨與
背骨的關節
肩關節
肘關節
髖關節
腕關節
指關節
膝關節
腳踝關節

人類的骨頭總共有206塊。
　配合目的組合起來的骨頭稱為**骨骼**，骨與骨的連接處稱為**關節**。

①身體的基本知識

基礎知識　全身的肌肉❶　身體的正面

【表層的主要肌肉】

●眼輪匝肌
　呈輪狀圍繞在眼睛周圍，具有閉眼作用的肌肉。

●三角肌
　從肩胛骨與鎖骨附近延伸到肱骨，覆蓋肩關節，形成從肩膀到肱部隆起部分的肌肉。
在上臂往外側抬時，會發揮作用。

●肱二頭肌
　一分為二（二頭），起於肩胛骨直至前臂橈骨的肌肉。
彎曲手臂時，會形成肌肉隆起之處。

●肱三頭肌
　在上臂（肱）後方可以抓到的大肌肉，與二頭肌相反，**在伸直上臂時可以發揮作用。**
　三頭當中一個來自於肩胛骨，剩下兩個來自於肱骨，三頭會合到達前臂的尺骨處。

●胸大肌
　起於鎖骨與胸骨、到達肱骨上方的大肌肉。
拉扯上臂、抱東西或向前揮拍時，能發揮作用。

●髂腰肌
　起於腰椎與骨盆骨（髂骨）、到達股溝韌帶下方的股骨上方，**在大腿往前抬時能發揮作用的肌肉。**
　與臀大肌同樣的，是直立步行時要用到的肌肉。

●股四頭肌
　形成大腿前方隆起的部分，是大而強力的肌肉，在伸直膝時發揮作用。
　四頭肌當中，一個起於骨盆骨（髂骨），稱為股直肌，另外三個則來自於股骨。
　四頭肌會合，形成髕腱（髕韌帶），到達脛骨上方。

【內部的主要肌肉】

●口輪匝肌
　呈圓狀圍繞在嘴唇周圍，具有使**嘴唇閉合**的作用的肌肉。

●胸鎖乳突肌
　起於胸骨與鎖骨，沿著頸部直到乳突，是強力而長的肌肉。**在側著頭或縮著脖子時能夠發揮作用。**

●胸小肌
　在胸大肌深處，起於上方的肋骨、到達肩胛骨的肌肉。是**活動肩胛骨、抬起肋骨擴胸時**發揮作用的肌肉。

●腹直肌
　縱向分布於肚臍兩側的細長肌肉，起於恥骨、到達胸骨與肋骨的軟骨部。腹直肌極發達的人會出現橫紋，稱為腱畫。
在腹部朝前方彎曲或提高腹壓時能發揮作用。

●臀中肌
　在臀大肌下方，當大**腿外展（朝外側打開）時**能發揮作用的肌肉。

全身的肌肉❷ 身體的背面

【表層的主要肌肉】

●斜方肌

　背部最大的肌肉，起於枕骨、全頸椎（7個）及全胸椎（12個），到達肩胛骨。

　左右合起來形成大的菱形。

　當肩膀往後拉、肩胛骨接近背部正中線（正中央），或是繞肩胛骨時，能夠發揮作用的肌肉。

●背闊肌

　起於腰椎和骨盆骨（髂骨）、到達肱骨上方的肌肉。**在肱部繞向背部時，能夠發揮作用。**

●臀大肌

　形成臀部隆起的大肌肉，起於骨盆骨（骶骨、髂骨），到達股骨上方。

　具有將大腿往後拉的作用，和髂腰肌同樣是直立步行所需的肌肉。肌肉注射大多是利用這個肌肉。

●股二頭肌

　分爲二頭，起於骨盆骨（坐骨）和股骨、到達腓骨（小腿外側的骨）的肌肉。**屈膝時發揮作用的肌肉。**

●小腿三頭肌 ｛比目魚肌
　　　　　　　腓腸肌

　形成小腿隆起處的肌肉。

　起於股骨表層的腓腸肌，和起於脛骨與腓骨深層的比目魚肌，兩者合而爲一，形成強大的跟腱，到達腳跟骨。

　伸直腳踝或踮腳站立時，能夠發揮作用。

【內部的主要肌肉】

●菱形肌

　在斜方肌下方，爲平行四邊形的肌肉。起於頸椎和胸椎突起處，到達肩胛骨。

　肩胛骨朝內上方拉或上抬時，能夠發揮作用的肌肉。

●腹外斜肌

　起於肋骨、到達骨盆（髂骨）及恥骨等的肌肉。

　腹部用力或提高腹壓時，能夠發揮作用的肌肉。

●大收肌

　起於恥骨及坐骨，到達股骨。**抬到側面的大腿朝內側放下時，能夠發揮作用的肌肉。**

　肌肉是具有收縮性肌纖維的集合組織。

　全身有大約300種（600個以上）的肌肉（骨骼肌），大部分是**起於某個骨，再到達另一個骨**，藉著骨與骨之間的互助合作而能活動身體。

第2章

產生熱量的構造

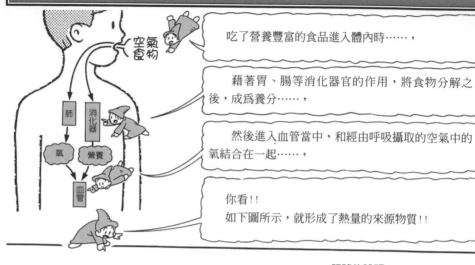

熱量的來源

吃了營養豐富的食品進入體內時……，

藉著胃、腸等消化器官的作用，將食物分解之後，成為養分……，

然後進入血管當中，和經由呼吸攝取的空氣中的氧結合在一起……，

你看!!
如下圖所示，就形成了熱量的來源物質!!

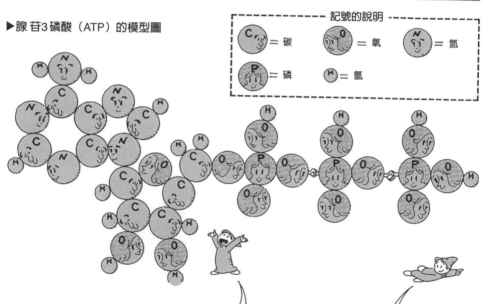

▶腺 苷3磷酸（ATP）的模型圖

……這個熱量的來源就是**腺 苷3磷酸**，簡稱為ATP……，

關於簡稱的來源，在下一頁會有說明!!

ATP具有何種姿態？

你看，這就是前面所說的腺苷3磷酸的縮小模型……

亂七八糟的，真的很難了解。把它變得整齊一點吧！

如下圖所示，腺苷3磷酸就是1個腺苷物質加上3個磷酸物質結合而成的。

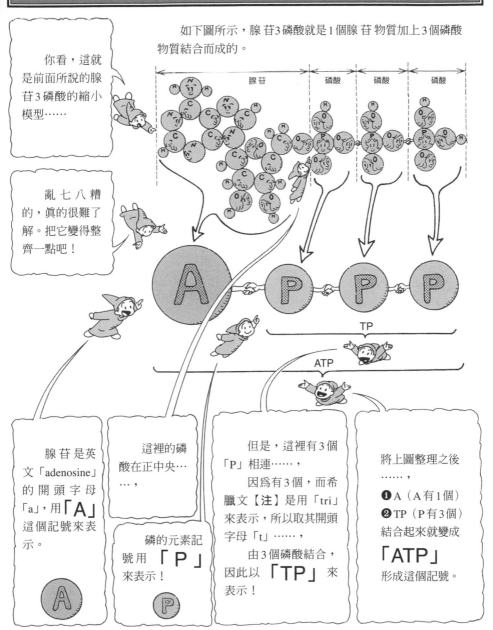

腺苷是英文「adenosine」的開頭字母「a」，用「A」這個記號來表示。

這裡的磷酸在正中央……，

磷的元素記號用「P」來表示！

但是，這裡有3個「P」相連……，

因為有3個，而希臘文【注】是用「tri」來表示，所以取其開頭字母「t」……，

由3個磷酸結合，因此以「TP」來表示！

將上圖整理之後……，

❶ A（A有1個）
❷ TP（P有3個）
結合起來就變成

「ATP」

形成這個記號。

【注】希臘文的數詞，經常使用在表示化合物的成分比時。

【參考】ATP就好比是熱量的「錢幣」!!

為了生活,我們需要做各種勞動工作。

依據各種勞動工作的價值,可以得到薪水,也就是「錢幣」。

經由勞動換取錢幣之後,我們才能夠買到生活所需的東西。

事實上ATP就相當於「錢幣」。

【勞動的變換】

人從事各種工作而提供勞力……

這些工作各有不同……

依據各種勞動的價值,可以得到薪水,即**錢幣**……

如此一來,就可以買到生活所需的各種東西了!!

【熱量的變換】

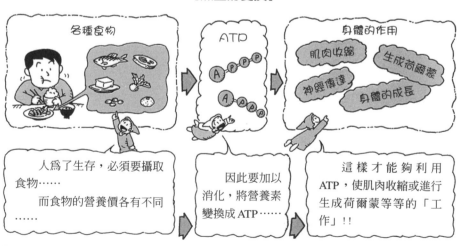

人為了生存,必須要攝取食物……

而食物的營養價各有不同……

因此要加以消化,將營養素變換成ATP……

這樣才能夠利用ATP,使肌肉收縮或進行生成荷爾蒙等等的「工作」!!

ATP生成熱量的構造

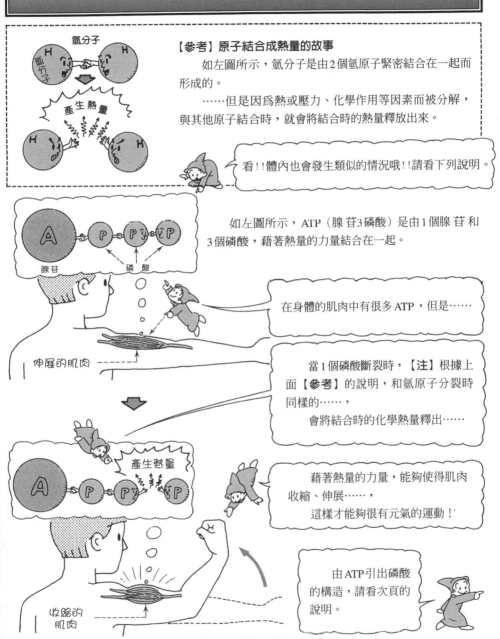

【參考】原子結合成熱量的故事

　　如左圖所示，氫分子是由2個氫原子緊密結合在一起而形成的。

　　……但是因為熱或壓力、化學作用等因素而被分解，與其他原子結合時，就會將結合時的熱量釋放出來。

看！！體內也會發生類似的情況哦！！請看下列說明。

　　如左圖所示，ATP（腺苷3磷酸）是由1個腺苷和3個磷酸，藉著熱量的力量結合在一起。

在身體的肌肉中有很多ATP，但是……

當1個磷酸斷裂時，**【注】**根據上面**【參考】**的說明，和氫原子分裂時同樣的……，
　　會將結合時的化學熱量釋出……

藉著熱量的力量，能夠使得肌肉收縮、伸展……，
　　這樣才能夠很有元氣的運動！

由ATP引出磷酸的構造，請看次頁的說明。

【注】1個磷酸斷裂之後，就變成ADP（腺苷2磷酸）與磷酸（參照23頁）。

ATP 產生的構造

吃了東西之後，進入體內的食物在胃腸消化，進入血液當中，然後按照以下的方式不斷的分解掉。

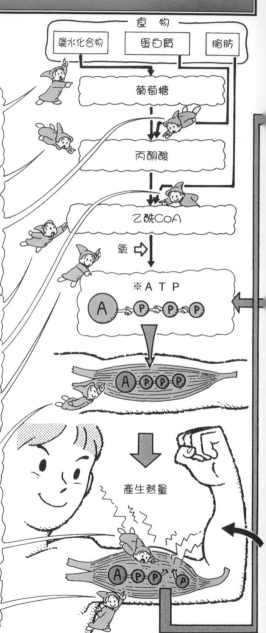

首先以容易成為熱量源的**碳水化合物**為主來說明。

首先**碳水化合物**會變成**葡萄糖**，進入細胞內……

接著會變成**丙酮酸**……【注】

如果沒有充分攝取碳水化合物或脂肪，這時……，

製造身體組織的珍貴**蛋白質**就會變成丙酮酸，成為熱量源……

丙酮酸變成**乙醯CoA**物質……

碳水化合物不夠時，**脂肪**也會變成乙醯CoA……，

乙醯CoA藉著氧的作用而產生大量的**ATP**！

以這樣的方式就在肌肉的細胞中產生了ATP……，

像這樣，1個磷酸（Ⓟ）離開時……
結合的熱量釋出，肌肉得以收縮，就能夠活動身體！

……當ATP中離開1個Ⓟ後的物質稱為**ADP**……請看次頁詳細的說明。

【注】這個過程稱為「糖解」（glycolysis），會產生若干ATP。

ATP再合成的構造

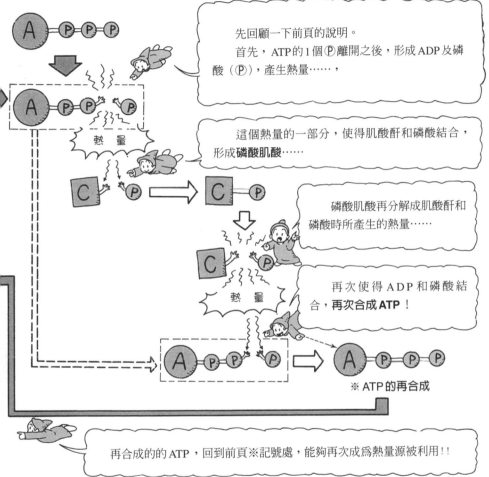

先回顧一下前頁的說明。

首先，ATP的1個Ⓟ離開之後，形成ADP及磷酸（Ⓟ），產生熱量……，

這個熱量的一部分，使得肌酸酐和磷酸結合，形成**磷酸肌酸**……

磷酸肌酸再分解成肌酸酐和磷酸時所產生的熱量……

再次使得ADP和磷酸結合，**再次合成ATP**！

※ **ATP的再合成**

再合成的的ATP，回到前頁※記號處，能夠再次成為熱量源被利用!!

所以，ATP會釋出熱量，同時能夠藉著ADP和磷酸（P），再度合成。

但是要再合成時所使用的熱量，如前頁所述，是由營養素製造出來的，因此每天一定要好好的攝取營養哦！

【參考】ADP的名稱由來

希臘文【注】的2個是用「di」這個字，取其開頭字母，2個磷酸使用「DP」來表示。

ADP是指，腺苷（A）有2個磷酸（DP）附著的意思。

【注】和ATP的「T」同樣是來自希臘文的數詞。

第 3 章

健康與運動

血液的循環與健康的關係

❶由心臟送出血液時

由心臟將血液送達全身時……，
心臟強而有力的收縮，藉著這個力量，即可將血液送達動脈，運送到全身各個角落……，

❷血液回到心臟時

全身血液回到心臟時……，
頭部血液藉著地心引力的力量自然回到心臟……，

手腳的血液則因為靜脈有瓣，藉著這個作用而回到心臟……，

關於其構造，請看以下的說明。

靜脈唧筒的完美構造

手腳的靜脈有瓣，藉著以下的構造，即可使得血液回到心臟。

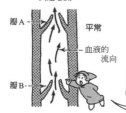

▶ **平常的靜脈**…，瓣放鬆張開，血液緩緩的流到上方（亦即往心臟的方向）……，
因為有瓣，所以血液不會倒流。

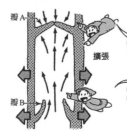

▶ **靜脈擴張時**…，在瓣A上方的血液雖然想往下流，但是因為瓣緊閉，因此無法往下流……，

瓣B下方的血液，則因為瓣是打開的，所以可以往上流……，

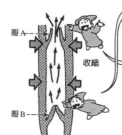

▶ **靜脈收縮時**…，瓣B上方的血液雖然想往下擠出，但是由於瓣緊閉，因此無法往下送出。

瓣A是打開的，因此血液能夠往上方（心臟的方向）推！！

換言之，就是具有如唧筒般的作用。

使靜脈喞筒作用的是肌肉的力量!!

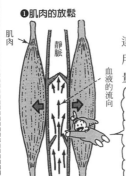

❶肌肉的放鬆

肌肉

靜脈

血液的流向

使得靜脈將血液送達前方,使喞筒產生作用,即是藉著肌肉的力量辦到的。

肌肉放鬆時,靜脈被推開,該處的瓣張開,血液於是得以流入……,

❷肌肉的收縮

到達心臟

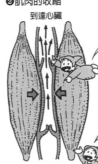

肌肉收縮時,靜脈變得狹窄,因此該處的瓣張開,將血液送往心臟的方向………,

生理學專家將這個構造稱為肌肉喞筒作用。

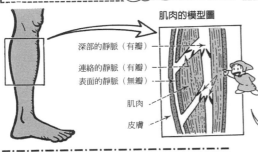

肌肉的模型圖

深部的靜脈(有瓣)

連絡的靜脈(有瓣)

表面的靜脈(無瓣)

肌肉

皮膚

如上所述,肌肉喞筒非常發達的部分是手腳的肌肉,按照以下的構造即可將血液送到心臟。

請看!!
以模型圖的方式來表示小腿肚的肌肉……,
就是以這樣的方式,在靜脈中有瓣附著……,

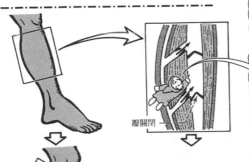

瓣關閉

在走路、活動腳踝,或肌肉放鬆時……,

連絡的靜脈瓣張開,表面的靜脈血液送入深部的靜脈……,

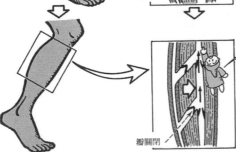

瓣關閉

接著,肌肉收縮時,深部的靜脈瓣被推開……,血液流向心臟的方向!!

因此,在活動手腳時,肌肉的喞筒發揮作用,就能夠促進血液循環。

3 健康與運動

肌肉唧筒是讓身體舒適的原動力！！

輕鬆跑步　走路　腳尖抬起放下運動

用力抬起

　　輕鬆地跑跳走路時，以及做踮腳尖、放下腳尖等運動時，小腿肚的肌肉唧筒就能夠發揮作用，促進血液循環。

　　促進血液循環之後，對於身體所帶來的效果，請看以下的說明。

【注】跑的時候，如果不能適度的跑，反而會損害健康。

【促進血液循環時身體會產生的各種變化】

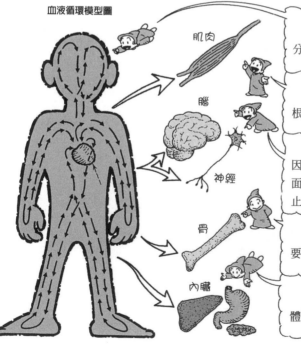

血液循環模型圖

肌肉

腦

神經

骨

內臟

　　血液循環順暢，營養和氧就能充分供應細胞，迅速排除老廢物……，

　　肌肉的力量隨之增強，形成疲勞根源的乳酸也能夠迅速分解掉……，

　　腦和神經的功能也會變得順暢，因此動作敏捷迅速，在工作和課業方面更能產生效果，而老年人也可以防止癡呆……，

　　此外，也能夠充分補充**骨骼**所需要的鈣質，預防骨質疏鬆症……，

　　因為各**內臟**的功能順暢，所以身體變得很好！！

劇烈運動所引起的疲勞

做劇烈運動會造成缺氧狀態

舉重或100公尺賽跑等短時間劇烈運動，會消耗掉大量的氧，因此必須要產生大量的熱量（ATP）。

腿的肌肉

做劇烈運動時，會消耗掉大量的熱量，而想要藉著呼吸供應氧已經來不及了。

這時，會發生什麼情況呢？

【肌肉中發生的事情】

肌肉和血液中的糖分

分解 →

葡萄糖

分解 →

丙酮酸

首先，最初的20秒內會使用事先貯存在肌肉中的ATP。

持續劇烈運動時……，

在40秒～50秒之間，會分解掉肌肉和血液中的糖分，使其變成葡萄糖……，

接著，變成丙酮酸。到目前為止，和前面的氧呼吸情況相同……【注】，

ATP   乳酸

但是因為沒有氧，所以丙酮酸變成乳酸，產生ATP。（稱為無氧性呼吸。）

這時只能產生氧呼吸時的20分之1的ATP，所以立刻就被用光了……，

乳酸 乳酸 乳酸 乳酸

大概1分鐘之後，肌肉中由於有乳酸積存，所以就不能夠再繼續運動。這個狀態就是所謂的疲勞。

疲勞的發生

積存在肌肉中的乳酸，是導致疲勞的原因物質。

運動後會拼命的喘氣，就是因為要吸收氧，分解掉乳酸，去除疲勞而產生的**防衛反應**。

【注】糖分分解為丙酮酸，不需要氧的過程，稱為「糖解」。無氧性呼吸也是一種糖解的作用。

對身體好的運動

●做輕鬆運動（散步等）時

輕鬆地呼吸

腿部的肌肉

散步或輕鬆的慢跑等輕鬆的運動，會以和做劇烈運動時完全不同的構造產生運動的熱量。

在不會痛苦的情況下做輕鬆的運動時，和做劇烈運動時相比，消耗的熱量比較少。

經由呼吸攝取到的氧就夠用了。其構造如下。

運動消耗熱量時，會先分解掉肌肉和血液中所含的糖分，變成葡萄糖……，

【在肌肉中發生的事情】

肌肉和血液中的糖分

分解 →

葡萄糖

分解 →

丙酮酸

分解 → 氧

乙醯CoA

分解 →

大量的ATP

接著，葡萄糖變成丙酮酸……，

氧的供給足夠時……，
使用氧就能夠分解掉丙酮酸……，

會產生大量的 ATP（熱量的來源），所以不會喘氣，可以輕鬆的運動。

使用氧產生熱量的運動，稱為有氧性運動（有氧運動）。

做有氧性運動之後……，
血液循環順暢，心臟功能增強，贅肉去除，有助於**增進健康**！！

為什麼不能夠每天持續做運動呢？

運動時，或多或少身體都會有疲勞積存。

在疲勞積存的狀態下持續運動，疲勞就會不斷的蓄積。

因此，要配合自己的身體狀態，設定每週2～3次的**休息日**，這樣對健康比較好。

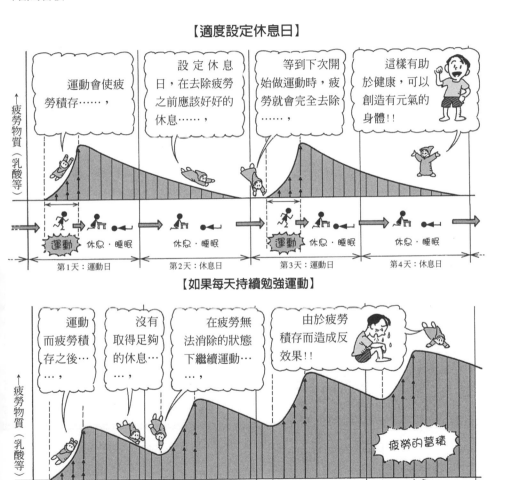

去除贅肉的有效運動

【基本知識】各種營養素！產生熱量的構造（相當於1公克的熱量）【注】

營養素	消耗的氧量	釋出的二氧化碳量	產生的熱量
碳水化合物	約750毫升 	約750毫升 	約4.1大卡 
脂肪	約2000毫升 	約1500毫升 	約9.3大卡 
蛋白質	約950毫升 	約760毫升 	約4.1大卡 

【參考】通常蛋白質不會成為熱量源，只有在碳水化合物和脂肪不夠時，才會成為熱量源。

❶輕鬆做運動（有氧運動）時

在肌肉中發生的情況

脂肪產生熱量

脂肪

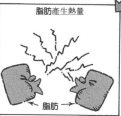

藉著有氧運動，吸收大量的氧……，
脂肪就能當成熱量源使用掉，就能夠去除贅肉，使身材變得苗條!!

❷進行劇烈運動（無氧運動）時

在肌肉中發生的情況

碳水化合物不使用氧而產生熱量

碳水化合物

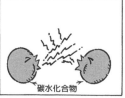

呼呼

……但是如果是劇烈運動，碳水化合物成為主要的熱量源……，
立刻就會覺得疲勞，無法持續運動，所以贅肉就無法去除!!

【注】營養素和氧結合，產生二氧化碳和水，產生熱量。

了解正確的運動強度：心跳次數測定法

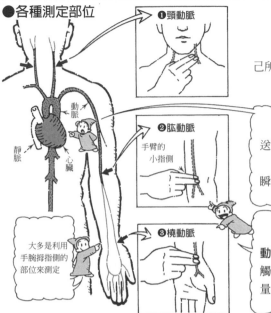

●各種測定部位

❶頸動脈

❷肱動脈

手臂的
小指側

❸橈動脈

動脈

靜脈

心臟

大多是利用
手腕拇指側的
部位來測定

運動太強或太弱都無法增進健康。

因此，正確的測量心跳次數，了解現在自己所進行的運動強度，非常重要。

心臟就好像唧筒般的伸展收縮，將血液送到動脈……

動脈接受血液之後開始膨脹，接下來的瞬間收縮就是將血液送往前方……，

如圖所示，**❶**頸動脈，**❷**肱動脈，**❸**橈動脈3處都是接近皮膚的粗大動脈，用手指觸摸時，就可以發現血管膨脹，因此可以測量心臟搏動的次數。

藉著心跳次數，可以了解體力的強度

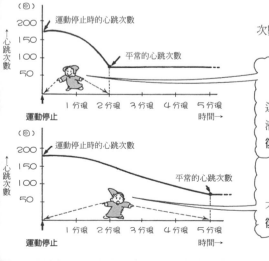

(回)

運動停止時的心跳次數

200
150
100
50

↑
心
跳
次
數

平常的心跳次數

運動停止

1分鐘 2分鐘 3分鐘 4分鐘 5分鐘
時間→

(回)

運動停止時的心跳次數

200
150
100
50

↑
心
跳
次
數

平常的心跳次數

運動停止

1分鐘 2分鐘 3分鐘 4分鐘 5分鐘
時間→

從運動結束之後到心跳次數恢復為平常的次數為止的時間，可以了解個人的體力。

有體力的人……

鍛鍊身體，心臟和肺的力量強大，在運動後能夠迅速將含有足夠營養和氧的血液送達全身，所以**只要幾分鐘，就能夠恢復為平常時的心跳次數**……

沒有體力的人……

心臟和肺功能不良，要花較長的時間才能夠吸收足夠的營養和氧，所以**很難恢復為平常的心跳次數**！！

由心跳次數了解對身體好的運動強度

❶安靜狀態下的心跳次數

6秒內6下（1分鐘60下）

心跳次數會隨著運動強度的增強而增加，因此可以當成測量運動強度的標準。

20歲健康人的例子：**安靜時的心跳次數為每分鐘60下。**

❷做輕鬆運動時的心跳次數

6秒內10下（1分鐘100下）

輕鬆走路等，**做感覺輕鬆的運動時每分鐘為100下**，則這樣的運動太過於輕度，無法增進健康。

❸做感覺有點勉強的運動時的心跳次數

6秒內16下（1分鐘160下）

快步急走或慢跑等，做感覺有點勉強的運動時，**心跳次數為每分鐘160下**，這種運動強度最適合增進健康。

❹做劇烈運動時的心跳次數

6秒內20下（1分鐘200下）

運動過度激烈，**變成每分鐘200下**時，心跳次數即到達最高點，會增加身體的負擔。

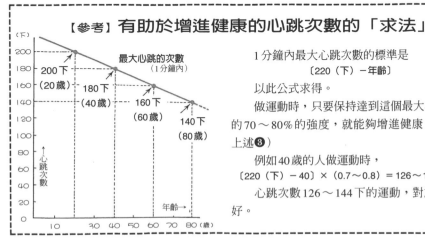

【參考】有助於增進健康的心跳次數的「求法」

1分鐘內最大心跳次數的標準是
〔220（下）－年齡〕
以此公式求得。

做運動時，只要保持達到這個最大心跳次數的70～80%的強度，就能夠增進健康。（參照上述❸）

例如40歲的人做運動時，
〔220（下）－40〕×（0.7～0.8）＝126～144（下）
心跳次數126～144下的運動，對於健康最好。

「走路」的效用

「走路」的優點

❶ 不論男女老幼，任何人都可以進行

尤其是平常不運動或中年以上的人，最適合這種運動。

❷ 不需要特別的用具或場所

只要穿容易活動的衣服及合腳的鞋子，隨時都可以走路。

❸ 與其他運動相比，身體的負擔較少

跑跳等會使得身體承受比體重多達數倍的重量，因此會損傷膝或腰。

「走路」所得到的效果

走路是任何人都可以進行的有氧運動。

有氧運動能夠吸收足夠的氧，將其送達肌肉，具有以下的效果。

直接效果

● 提高心肺功能

● 鍛鍊足腰肌肉，預防老化

● 使體內的多餘脂肪燃燒，不易肥胖

● 使膽固醇值恢復正常

提高心肺功能
防止肥胖
防止老化
膽固醇值恢復正常
促進血液循環
降低血糖值
降低中性脂肪值
消除運動不足
消除壓力

間接效果

● 促進血液循環，保持血壓正常

● 使血糖值下降，能夠預防、治療糖尿病

● 使中性脂肪、膽固醇值恢復正常，能夠防止動脈硬化

● 消除運動不足的缺點，湧現食慾，解決營養不足的問題

● 消除壓力

有助於創造健康的「走路」速度

●要創造健康，應該以「每分鐘多少公尺」的速度來走路呢？

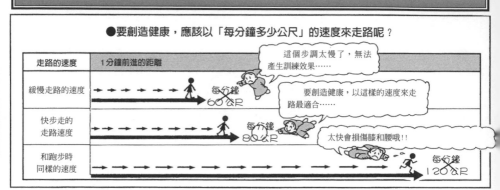

●以適當的速度（每分鐘80公尺）走路的方法

❶了解自己步幅的長度

寬的步幅　　窄的步幅

在地面上放置捲尺，走在捲尺上，測量步幅的長度。

在測量時，要用比平常更大的步幅來走路。

❷利用步幅的數值來決定1分鐘走路的步數

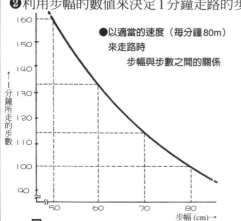

●以適當的速度（每分鐘80m）來走路時
步幅與步數之間的關係

↑1分鐘所走的步數

步幅(cm)→

了解自己的步幅長度之後，就可以算出1分鐘該走幾步的速度。

例如，步幅若為65公分，則大約以1分鐘120步的速度來走路，就可以前進80公尺，這就是適當的速度。也就是說：

$$
\text{(80m)} \\
8000\,\text{(cm)} \div \text{自己的步幅}\,\text{(cm)} \\
= 1\text{分鐘的走路步數}
$$

以此公式即可求得。（參照左圖表）

❸接著，由❷所求得的步數，好好的「走路」吧！

1天當中最適合運動的時間帶

每個人運動所使用的時間帶都不同。

不管是哪一個時間帶，只要是適合自己、能夠持續運動的時間帶，就可以了。

但是在每個時間帶都必須要注意以下的事項，否則將會損害健康。

時間帶	運動時的注意事項
早晨 可	早上起床就立刻做運動，則神經系統無法順暢的發揮作用，會對身體造成負擔。 因此起床之後要先看看報紙、電視，待**完全清醒之後**再開始做運動。 此外，也必須**充分補充**在睡眠中因為發汗而**流失的水分**。
中午 可	如果只有午休時間可以做運動，那麼在**吃午餐前做運動**比較好。 運動結束過一段時間（15分鐘）之後再吃午餐，否則會消化不良。
傍晚 最適合	在1天工作結束、精神疲勞積存時，做適度的運動可以**保持身心的平衡，得到放鬆**。 如果時間許可，儘量在**傍晚、晚餐前做運動**。 這樣身心都能夠放鬆，調整身體狀況，晚上也可以睡得很好。
夜晚 不太好	天色暗下來之後，身體就已經開始在做睡眠的準備了。 因此，如果**在晚上做運動，會使得身體過於勉強**，故不建議各位這麼做。 但是如果晚上才有時間做運動，那麼在**吃完晚餐2小時之後**，不妨可以進行「走路」等較為輕鬆的運動。【注】

【參考】這時候不可以做運動！！

氣溫和濕度太高時	時間不夠時	剛吃完飯時	身體倦怠時

【注】夜晚走在路上，為了避免遇到交通意外事故，一定要穿白色等較為顯眼的衣服。

運動時不可以攝取水分嗎？

【基本知識】體內所含的水分及其作用

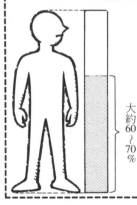

大約60～70%

在體內約含有**體重的60～70%**的水分。

水可以將營養素迅速送到身體各處，同時也能夠收集老廢物，將其排出⋯⋯，具有各種作用，是非常重要的物質。

進入體內的水，包括**飲食中所含有的水分**，成人1天大約要攝取2.4公升的水。

另一方面，因為**發汗、不顯汗（呼吸或來自皮膚的蒸發等排泄掉的水分）、排尿、排便**等而排泄掉的水分，成人1天大約也是2.4公升。

【體內的水分含量與身體狀況的關係】

▶ 體內水分的內容

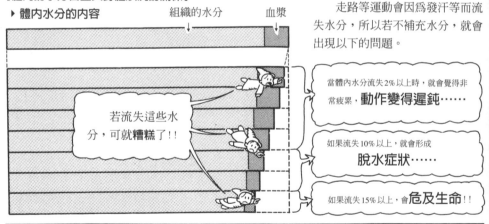

組織的水分　　血漿

若流失這些水分，可就**糟糕了**!!

走路等運動會因為發汗等而流失水分，所以若不補充水分，就會出現以下的問題。

當體內水分流失2%以上時，就會覺得非常疲累，**動作變得遲鈍**⋯⋯

如果流失10%以上，就會形成**脫水症狀**⋯⋯

如果流失15%以上，會**危及生命**!!

【舒適運動的高明補充水分方法】

❶運動前要補充水分　　❷運動中口渴時要補充水分　　❸運動後也要補充水分

運動時要適度的攝取水分。

市售的運動飲料等含有過多的糖分，所以要補充水分時，最好是喝水或茶。

運動能夠創造強健骨骼

要擁有強健的骨骼，一定要充分攝取鈣質。

但有時雖然充分攝取鈣質，骨骼還是很脆弱。

理由說明如下。

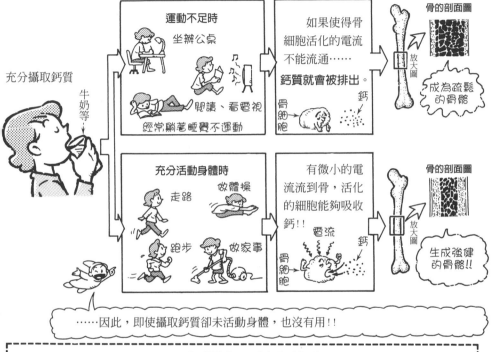

……因此，即使攝取鈣質卻未活動身體，也沒有用!!

【參考】鈣質含量較多的食品

在國人的飲食生活當中，鈣質是很容易缺乏的營養素，因此左圖所列舉的食品，每天都要擺在餐桌上。

鈣的吸收率方面，乳製品為50%，吸收率最佳。小魚為40%，雖然比較差，但是也不錯……，

鈣的絕對量方面，小魚比乳製品更多，因此連小魚的魚骨也要吃哦!!

第 4 章

保持健康的運動
〈實踐篇〉

要得到健康與美麗：正確的站立姿勢

良好的站立方式

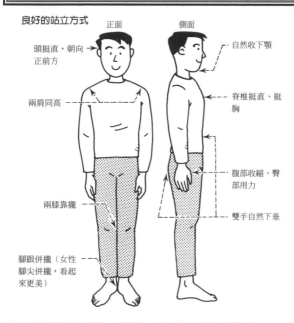

正面　　　側面

頭挺直，朝向正前方

自然收下顎

兩肩同高

脊椎挺直、挺胸

腹部收縮、臀部用力

兩膝靠攏

雙手自然下垂

腳跟併攏（女性腳尖併攏，看起來更美）

如左圖所示，擁有美麗的站立方式，就能夠促進血液循環，強化腹肌和背肌。

這時可以使內臟功能順暢，防止腰痛或肩膀酸痛。

此外，也能夠防止腹部或腿部贅肉附著，可以擁有美麗的體型。

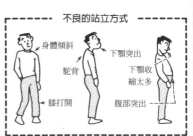

不良的站立方式

身體傾斜

駝背

膝打開

下顎突出

下顎收縮太多

腹部突出

要得到健康與美麗：正確的坐姿

良好的坐姿

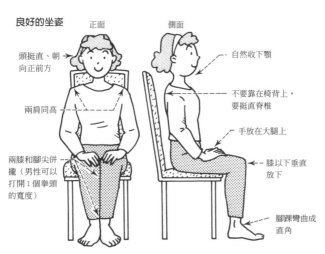

正面　　　側面

頭挺直、朝向正前方

自然收下顎

兩肩同高

不要靠在椅背上，要挺直脊椎

手放在大腿上

兩膝和腳尖併攏（男性可以打開1個拳頭的寬度）

膝以下垂直放下

腳踝彎曲成直角

坐在椅子上時，要如左圖所示，保持良好的姿勢。

如此一來，就可以擁有無贅肉的美麗身體。

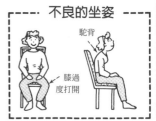

不良的坐姿

駝背

膝過度打開

要得到健康與美麗：正確的走路方式

【好的走路方式】

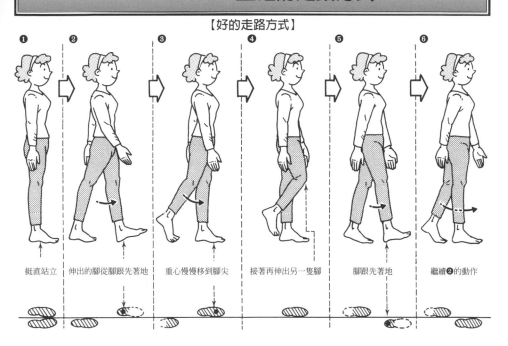

❶	❷	❸	❹	❺	❻
挺直站立	伸出的腳從腳跟先著地	重心慢慢移到腳尖	接著再伸出另一隻腳	腳跟先著地	繼續❷的動作

★光是走路就能得到健康嗎？

我們平常大多會按照自己的方式來「走路」。

走路是非常好的運動。

正確的走路，可以給予肌肉良好的刺激。

如此一來，血液和淋巴液的流通順暢，身體的各種作用也就可以順暢地發揮。

此外，也可以去除身體多餘的脂肪，擁有美麗的體型。

★好的走路方式

如上圖所示，挺直脊椎，走在一直線上，腳跟先著地，然後慢慢的將重心移到腳尖，這樣就是正確的走路方式。

【不好的走路方式】

駝背

落腰　下腹突出

好像腳底貼地似的跛著腳走路的方式

走路對身體很好，但是不正確的走路方式會造成反效果。

左圖的走路方式無法正確的使用肌肉，會使肌肉附著，形成不健康的身體。

要得到健康與美麗：運動的基本知識

要保持健康，適度運動是不可或缺的。
但是依運動方式的不同，有時反而是對身體有害的。

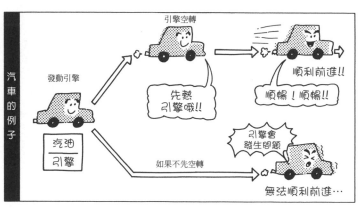

4
保持健康的運動

就好像在開車之前要先讓引擎空轉一下，待引擎熱了之後再開車一樣，這樣車子才可以順暢開動。

如果一開始就發動引擎，往前猛衝，則引擎很容易受損。

‖（等於）

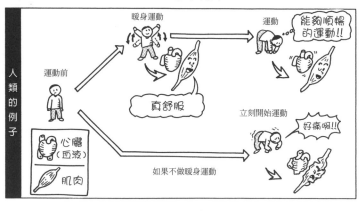

同樣的，人在運動之前，如果不做暖身運動，就有可能會受傷。

次頁起所介紹的運動，有助於創造健康，同時像慢跑等，也可以當成做其他運動之前的暖身運動。【注】

【參考】對於美容很好的運動，對健康也很好

從次頁起所介紹的運動，是對美容很好的運動，同時也具有保持美麗體型的效果。

美容運動也是健康運動。

例如，腹肌運動能夠收縮腹部，具有很好的美容效果，也可以減少內臟脂肪，預防生活習慣病（成人病）。

【注】次頁起的運動，首先要藉著「❶調整呼吸運動」放鬆身體之後，再適當選擇其他運動來做。各種運動的次數和時間只是大致的標準，**自己要量力而為**，不要勉強。

運動❶ 調整呼吸運動

　　調整呼吸，可以將大量新鮮的氧吸入體內，如此一來就可以提高心肺功能，使新陳代謝旺盛，提高活力。

　　要使氧充分的送達身體各個角落，則利用下圖的腹式呼吸即可產生效果。

【腹式呼吸的基本】1分鐘4～6次，呼吸時間持續5分鐘。

❶由鼻子吸氣，直到肚子膨脹為止

❷接著，再一點一點的從口中吐氣，直到腹部陷凹為止

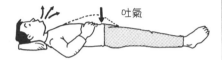

【站立進行時】

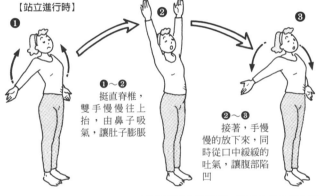

❶～❷
挺直脊椎，雙手慢慢往上抬，由鼻子吸氣，讓肚子膨脹

❷～❸
接著，手慢慢的放下來，同時從口中緩緩的吐氣，讓腹部陷凹

　　如上圖所示，仰躺進行還不夠，如左圖所示，加入手的動作，則更能促進血液循環。

　　這時，挺直脊椎、挺胸進行更為有效。

【使用椅子來進行時】

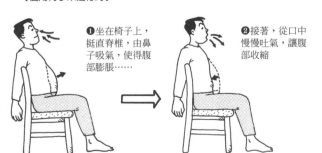

❶坐在椅子上，挺直脊椎，由鼻子吸氣，使得腹部膨脹……

❷接著，從口中慢慢吐氣，讓腹部收縮

　　在工作或讀書的空檔，坐在椅子上進行腹式呼吸也不錯。

　　如左圖所示，手置於椅子後方下垂，如就能夠自然保持脊椎挺直的狀態。

運動❷ 促進血液循環運動

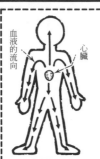

血液的流向

心臟

●促進血液循環具有何種效果

　　要使全身的肌肉、關節和內臟活動，就要不斷的補充新鮮的血液。

　　因為活動所需的營養素和氧都是經由血液運送的。此外，肌肉等組織活動的結果所產生的老廢物，也必須由血液來加以去除。

　　因此，為了擁有朝氣蓬勃的健康身體，首先，就要促進血液的循環。

【頸部運動】

消除雙下巴！

好像看胸部似的彎曲脖子（約10次）

　　藉著活動頸部，使得頭部的血液循環更為順暢。

　　同時也有收縮下巴線條的功效。

【腳踝運動】

腳踝纖細！

腳踝後仰彎曲（約10次）

　　活動腳踝，能夠藉著肌肉的動作，使得血液循環順暢。（肌肉唧筒，參照28頁）

　　此外，也能夠有效去除附著於腳踝的贅肉。

【拍肩膀運動】

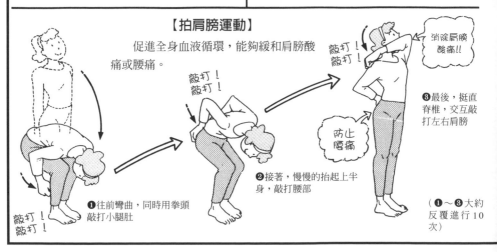

　　促進全身血液循環，能夠緩和肩膀酸痛或腰痛。

敲打！敲打！

敲打！敲打！

敲打！敲打！

消除肩膀酸痛!!

防止腰痛

❸最後，挺直脊椎，交互敲打左右肩膀

❷接著，慢慢的抬起上半身，敲打腰部

❶往前彎曲，同時用拳頭敲打小腿肚

（❶～❸大約反覆進行10次）

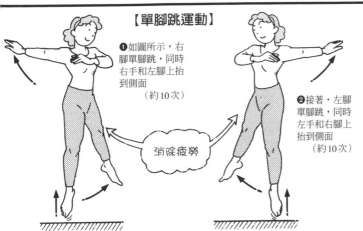

【單腳跳運動】

❶如圖所示，右腳單腳跳，同時右手和左腳上抬到側面
（約10次）

❷接著，左腳單腳跳，同時左手和右腳上抬到側面
（約10次）

消除疲勞

具有促進全身血液循環效果、消除疲勞效果。

此外，能夠去除小腿（膝以下的部分）的瘀血。

左右交互進行。

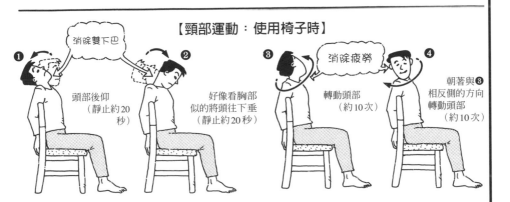

【頸部運動：使用椅子時】

消除雙下巴

❶ 頭部後仰
（靜止約20秒）

❷ 好像看胸部似的將頭往下垂
（靜止約20秒）

消除疲勞

❸ 轉動頭部
（約10次）

❹ 朝著與❸相反側的方向轉動頭部
（約10次）

藉著活動頸部，能夠促進頭部的血液循環，消除疲勞。在工作或讀書而覺得疲勞時，最適合做這個運動。

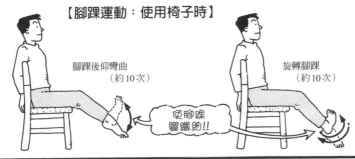

【腳踝運動：使用椅子時】

腳踝後仰彎曲
（約10次）

旋轉腳踝
（約10次）

使腳踝變纖細!!

活動腳踝，可以促進血液循環，消除疲勞，去除腳踝的贅肉。運動時要注意腳不要碰到地面。

運動❸ 鍛鍊腹肌運動

●鍛鍊腹肌具有何種效果？

腹部突出是不健康的象徵。

腹部突出，表示內臟周圍有不少脂肪蓄積。

內臟脂肪是生活習慣病(成人病【注】)的元兇，會引起各種毛病。（參照119頁）

要減少內臟脂肪，使腹部消瘦，則可以進行以下所介紹的**腹肌運動**。

此外，藉著鍛鍊腹肌，也能夠減輕加諸於腰部的負擔，防止腰痛。

【腹肌運動】
（基本）

膝輕微彎曲，在仰躺的狀態下抬起上半身

（約10次）

創造腹肌力，去除腹部的脂肪，這是基本的運動。

比起伸直腿來做，如圖所示將膝輕微彎曲，可以減少對腰部的負擔，較不會損傷腰部。

好像看著肚臍似的，慢慢抬起上半身。

【倒立運動】

去除腹部的脂肪，有助於創造美麗勻稱體型的運動。

使荷爾蒙的功能順暢，也具有**使心情愉快**的效果。

踩踏板

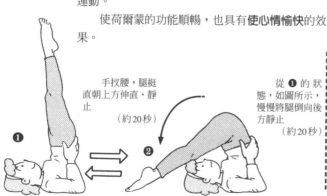

❶ 手扠腰，腿挺直朝上方伸直，靜止

（約20秒）

❷ 從 ❶ 的狀態，如圖所示，慢慢將腿倒向後方靜止

（約20秒）

在腿上抬的狀態下，好像踩自行車的踏板似的活動雙腿

（約20次）

【注】最近將動脈硬化或糖尿病等以往被稱爲成人病的疾病稱爲生活習慣病。

【抬腿運動】

❶ 趴在床上，雙腳併攏，往上抬（約10次）

❷ 由❶的狀態開始，腿上下交互移動（約10次）

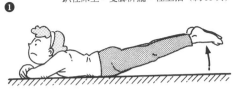
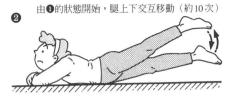

能強化腹肌，去除腹部脂肪，擁有**美麗的腿部曲線**。

【繞上半身運動】

往右繞，
再相反的往左
繞
（約10次）

除了腹肌之
外，還能夠強化
背肌，**創造美麗
勻稱的體型**。

以腰部為
主，大幅度的慢
慢繞吧！

【上半身的前屈運動】

強化腹肌，
提高柔軟性的運
動。

慢慢的往前
彎曲，直到手能
夠搆著地面為
止。

從伸直的狀態，慢慢的將
上半身往前彎曲

（約10次）

【繞臂運動】

強化腹肌，**擁有美麗的手臂
曲線**。

好像自由
式泳姿一樣的
繞手臂
（約10次）

【扭轉身體運動】

使內臟功能順暢，去除腹部脂肪，**擁有美麗的
腰部曲線**。

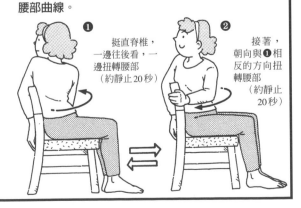

❶ 挺直脊椎，
一邊往後看，一
邊扭轉腰部
（約靜止20秒）

❷ 接著，
朝向與❶相
反的方向扭
轉腰部
（約靜止
20秒）

運動❹ 鍛錬背肌運動

●鍛錬背肌具有何種效果？

姿勢不良時，血液和淋巴液的流通也不良，身體一旦浮腫，體內就容易積存脂肪。

要保持美好的姿勢，則除了前面所介紹的鍛錬腹肌運動之外，還要鍛錬背部的肌肉（背肌）。

因爲即使強化了腹肌，但如果背肌衰弱，則身體容易往前傾，形成駝背的姿勢。

美好的姿勢乃健康的象徵，而要擁有美好的姿勢就在於腹肌與背肌要保持平衡。

【伸展背部運動】

❶ 放鬆身體的力量，仰躺

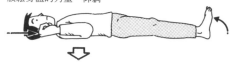

❷ 肌肉用力，伸直雙手、雙腿。（約靜止20秒）

鍛錬背肌、能夠矯正背骨形狀的運動。

起床或就寢時，養成躺在床上做這個運動的習慣。

成長期的兒童做此項運動，具有能**拉長身高**的效果。

【背部與骨盆的運動】

保持仰躺的姿勢，抬起背部（約10次）

除了背部的肌肉之外，同時也可以鍛錬臀部的肌肉。

具有**防止腰痛**的效果。

【背部後仰運動】

俯臥，雙手扶著地面，背部往後仰（約靜止20秒）❶

如下圖所示，雙手在背後交疊，抬起上半身（約10次）❷

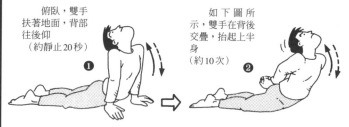

這是鍛錬背部、頸部及腹部肌肉的運動。

能夠使得胃腸功能順暢，同時提高臀部的位置，創造**美麗的臀形**。

【挺直脊椎運動：其1】

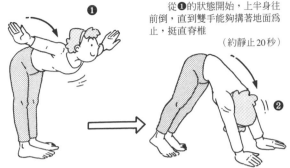

雙手打開，彎曲上半身，挺直脊椎
（約靜止20秒）

❶

從❶的狀態開始，上半身往前倒，直到雙手能夠構著地面為止，挺直脊椎
（約靜止20秒）

❷

❶的運動，能夠鍛鍊背部和肩膀的肌肉。

❷的運動，則除了鍛鍊背部肌肉之外，同時具有**挺直膝**的效果。

此外，也具有**防止腰痛**的效果。

【挺直脊椎運動：其2】

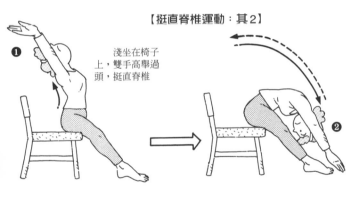

❶

淺坐在椅子上，雙手高舉過頭，挺直脊椎

❷

能夠鍛鍊背部和腹部肌肉，增加柔軟性。

具有使胃腸等內臟的新陳代謝順暢的效果。

由❶的狀態開始，慢慢的將上半身往前倒
（約靜止20秒）

【挺直脊椎運動：其3】

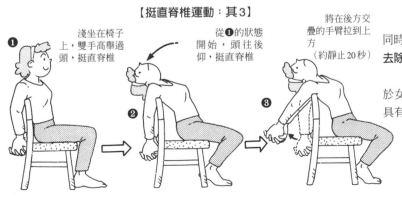

❶

淺坐在椅子上，雙手高舉過頭，挺直脊椎

❷

從❶的狀態開始，頭往後仰，挺直脊椎

將在後方交疊的手臂拉到上方
（約靜止20秒）

❸

鍛鍊背肌，同時矯正駝背，**去除背部酸痛**。

❸的運動對於女性而言，還具有**美胸**效果。

運動❺ 緊縮腰圍運動

●緊縮腰圍有什麼效果？

腹肌運動能夠鍛鍊腹部前面的肌肉。如果再加上接下來所介紹的鍛鍊身體側面等腰圍的肌肉，就能夠更**有效的減少積存在腹部的内臟脂肪。**

【抬體運動】

強化身體側面的肌肉，增加背骨的彈性，保持青春。

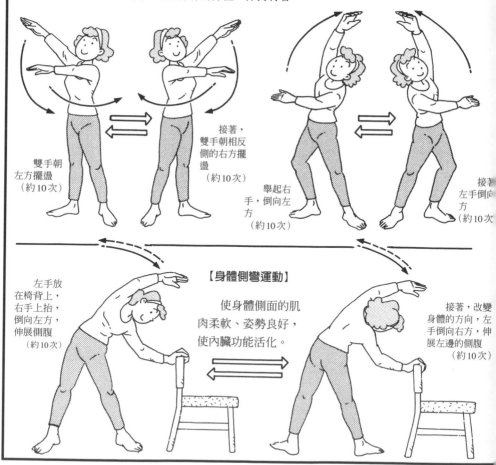

雙手朝左方擺盪（約10次）

接著，雙手朝相反側的右方擺盪（約10次）

舉起右手，倒向左方（約10次）

接著，左手倒向右方（約10次）

【身體側彎運動】

使身體側面的肌肉柔軟、姿勢良好，使内臟功能活化。

左手放在椅背上，右手上抬，倒向左方，伸展側腹（約10次）

接著，改變身體的方向，左手倒向右方，伸展左邊的側腹（約10次）

【屈膝運動】

使膝關節肌肉柔軟，強化腰部周圍的肌肉，創造美麗的腿部曲線。

伸直右腿，彎曲左腿，
左腳腳尖上抬、放下
（約10次）

同樣的，彎曲右腿，腳尖
上抬、放下（約10次）

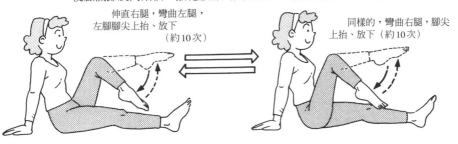

【伸膝運動：其1】

強化腰部周圍的肌肉，創造美麗的腰部和腿部曲線。

在伸直右腿的狀態下，
反覆做屈伸左腿的動作
（約10次）

同樣的，保持左腿伸直的
狀態，反覆做屈伸右腿的動作
（約10次）

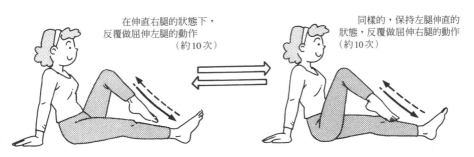

【伸膝運動：其2】

這是「伸膝運動：其1」的應用運動。

雙腿併攏，反覆屈伸（約10次）

【扭轉身體運動】

強化腰部周圍肌肉的運動。在日常生活中，這類的動作較少，因此就寢時一定要積極的做。

雙手撐住後方地面，在抬
起腰部的狀態下，如圖所示，
將身體朝左右扭轉（約10次）

④保持健康的運動

運動❻鍛鍊腿部運動

●鍛鍊腿部具有什麼效果？

在腿部有藉著肌肉動作促進體內血液循環的「肌肉唧筒」的作用。

亦即腿是「第2心臟」。腿的肌肉衰退時，血液循環不良，會引起各種毛病。

俗語說：「老化從腳開始。」一點也不錯。

進行以下所介紹的運動，可以鍛鍊腿部肌肉，同時也能夠去除贅肉，創造美麗的腿部曲線。

【鍛鍊大腿前面的運動：其1】

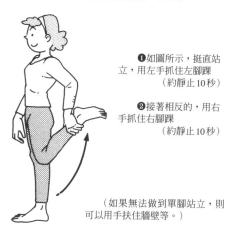

❶如圖所示，挺直站立，用左手抓住左腳踝
（約靜止10秒）

❷接著相反的，用右手抓住右腳踝
（約靜止10秒）

（如果無法做到單腳站立，則可以用手扶住牆壁等。）

【鍛鍊大腿前面的運動：其2】

這是能夠防止腰痛的運動。

❶如圖所示，慢慢的落腰，直到左膝呈直角狀態跪地爲止
（約靜止10秒）

❷同樣的，慢慢的落腰，直到右膝呈直角狀態跪地爲止
（約靜止10秒）

【鍛鍊大腿前面的運動：其3】

❶如圖所示，俯臥，左手抓住左腳踝
（約靜止10秒）

❷同樣的，接著用右手抓住右腳踝
（約靜止10秒）

【鍛鍊大腿後面的運動：其1】

❶仰躺，抓住左大腿，左腿上抬
（約靜止10秒）

❷同樣的，抓住右大腿，右腿上抬
（約靜止10秒）

【鍛鍊大腿後面的運動：其2】

❶雙腿張開坐下，上半身倒向左腿方向
（約靜止10秒）

❷接著，上半身倒向右腿方向
（約靜止10秒）

【鍛鍊大腿內側的運動：其1】

腳底貼合坐下，抓住腳趾，將膝壓向地面
（約10次）

【鍛鍊大腿內側的運動：其2】

❶如圖所示，側躺，左腿伸直，往上抬（約10次）

❷接著改變身體方向，讓右腿在上方，同樣的讓右腿往上抬（約10次）

【鍛鍊大腿內側的運動：其3】

❶如圖所示，從左腿上抬的狀態，將左膝以下的部分上下擺動（約10次）

❷接著，改變身體的方向，讓右腿在上方，同樣的，右膝以下的部分上下擺動（約10次）

【鍛鍊小腿肚和腳踝的運動】

能夠去除小腿肚的贅肉，使得腳踝纖細。

如圖所示，挺直脊椎站立，踮腳尖
（約10次）

【注】46頁的仰躺活動腳踝的運動，以及47頁的坐在椅子上活動腳踝的運動，也具有同樣的效果。

【腿部跳躍運動】

能夠去除腿部瘀血，促進血液循環，有助於消除疲勞。也具有強化腿彈性的效果。

如圖所示，雙手抓住椅子，好像將腰部抬高似的往上跳
（約10次）

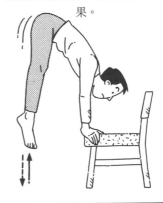

第 5 章

各種症狀的對策

【基本知識】 **何謂穴道・經絡？**

★何謂經絡？

例如「產生幹勁」、「充滿氣魄」等的「氣」，就是指**生存的能量**。

東方醫學認為，「氣」流通的道路就是經絡。

★何謂穴道？

經絡當中成為能量出入口之處就是「經穴」。

各個穴道與身體的各器官緊密結合，只要加以刺激，就能夠治療穴道的對應器官。

❺ 各種症狀的對策

【主要的經絡和穴道】

〔注〕經絡與穴道只能夠以右半身（左半身）的圖來表示，另一邊的半身則是在左右對稱的經絡位置上。

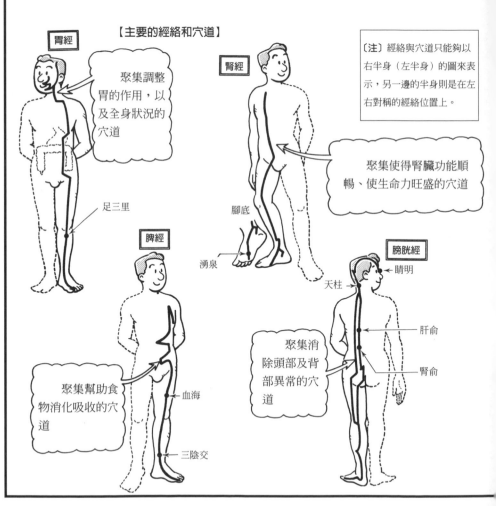

胃經

聚集調整胃的作用，以及全身狀況的穴道

足三里

腎經

聚集使得腎臟功能順暢、使生命力旺盛的穴道

腳底

湧泉

脾經

聚集幫助食物消化吸收的穴道

血海

三陰交

膀胱經

睛明

天柱

肝俞

腎俞

聚集消除頭部及背部異常的穴道

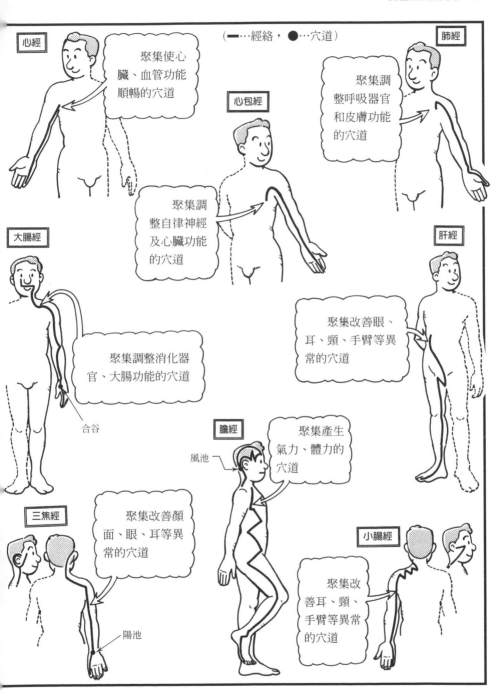

（——…經絡，●…穴道）

心經
聚集使心臟、血管功能順暢的穴道

心包經
聚集調整自律神經及心臟功能的穴道

肺經
聚集調整呼吸器官和皮膚功能的穴道

大腸經
聚集調整消化器官、大腸功能的穴道
合谷

肝經
聚集改善眼、耳、頸、手臂等異常的穴道

膽經
風池
聚集產生氣力、體力的穴道

三焦經
聚集改善顏面、眼、耳等異常的穴道
陽池

小腸經
聚集改善耳、頸、手臂等異常的穴道

穴道的發現法、實踐法

●找出穴道的方法

例如，要找出1個穴道時，採用「距離肚臍上方幾公分」等的表現方式並不恰當。

因為人體的大小各有不同，用尺來量長度，根本沒有意義。

發現穴道的標準是利用指幅的寬度。例如採用「距離肚臍2指幅寬的上方」等的說法較好。

經常使用的指幅有下列4種長度。

1根指幅寬
（拇指）

2根指幅寬
（食指與中指）

3根指幅寬
（食指、中指及無名指）

4根指幅寬
（食指、中指、無名指及小指）

那麼，就來實際找找「大椎」和「腎俞」這2個穴道吧！

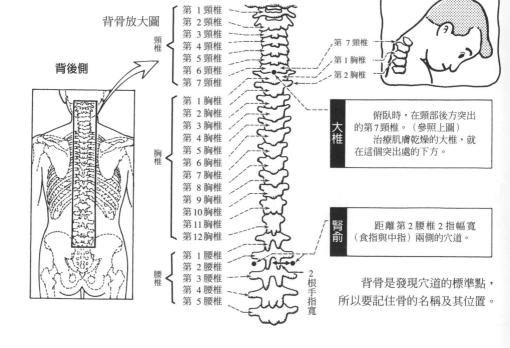

背骨放大圖

背後側

頸椎
第 1 頸椎
第 2 頸椎
第 3 頸椎
第 4 頸椎
第 5 頸椎
第 6 頸椎
第 7 頸椎

第 7 頸椎
第 1 胸椎
第 2 胸椎

胸椎
第 1 胸椎
第 2 胸椎
第 3 胸椎
第 4 胸椎
第 5 胸椎
第 6 胸椎
第 7 胸椎
第 8 胸椎
第 9 胸椎
第10胸椎
第11胸椎
第12胸椎

腰椎
第 1 腰椎
第 2 腰椎
第 3 腰椎
第 4 腰椎
第 5 腰椎

2根手指寬

大椎　俯臥時，在頸部後方突出的第7頸椎。（參照上圖）
治療肌膚乾燥的大椎，就在這個突出處的下方。

腎俞　距離第2腰椎2指幅寬（食指與中指）兩側的穴道。

背骨是發現穴道的標準點，所以要記住骨的名稱及其位置。

外行人也能放心進行的穴道刺激法

除非是專家，否則要正確找出穴道很困難。要找尋目的穴道，包括其周邊在內，可以利用以下的方法來加以刺激。

刺激穴道的方法

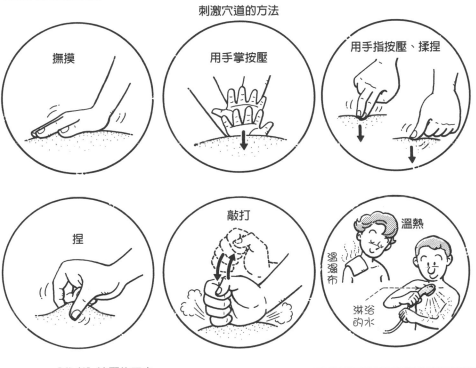

撫摸

用手掌按壓

用手指按壓、揉捏

捏

敲打

溫熱

溫濕布

淋浴的水

【參考】按壓的工夫

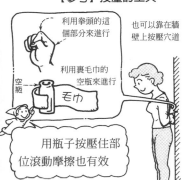

利用拳頭的這個部分來進行

也可以靠在牆壁上按壓穴道

利用裹毛巾的空瓶來進行

空瓶

毛巾

用瓶子按壓住部位滾動摩擦也有效

注意!! 這時不可以刺激穴道

❶發生燒燙傷或潰瘍之後
❷懷孕時或剛生產後的人的腹部
❸罹患感染症的人
❹極度疲勞的人
❺空腹或飲酒時
❻罹患癌症等惡性腫瘤

在這些情況下刺激穴道，反而會使症狀更為惡化!!

穴道治療只對於肩膀酸痛、頭痛等**輕微的慢性病**有效。

【注】除此之外，也可以採用灸治或用針刺激等方法，不過外行人施行有可能造成燒燙傷或損傷神經，所以一定要由專家來進行。

「西方」醫學與「東方」醫學的差異

★何謂西方醫學？

　　明治以後的文明開化時期，日本醫學傾向於由西方傳入的西方醫學，呈現一面倒的狀態。

　　西方醫學使用最新的技術和機器來診斷疾病，並投與抗生素等強力藥物，具有「速效性」。

　　因此，以前被視為不治之症的疾病大多可以治療，但是因為藥效強大而具有相當多副作用。

★何謂東方醫學？

　　自古流傳下來，利用漢方藥或經絡・穴道的東方醫學，則有被忽略的傾向。

　　但是東方醫學是藉著提高自然治癒力的方法來治療，比較不容易產生副作用。關於這一點，可以參考以下的內容，重新評估其價值。最近有些醫院也設立了東方醫學的診療科。

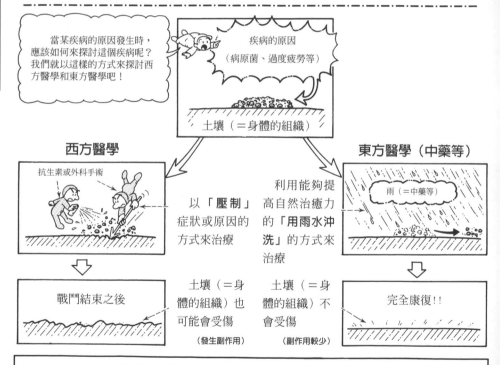

【參考】西方醫學與東方醫學的高明「分別使用法」

　　東方醫學的副作用雖然較少，但也並不是「萬能」的。

　　對於慢性的肩膀酸痛或頭痛等輕度症狀比較適合，但是像急性感染症或癌症等重大疾病，就不得不依賴西方醫學了。

東方醫學及其「同類」

　　與西方醫學相反的東方醫學，是利用自然素材等提高身體的「自然治癒力」來治療疾病，包括以下的療法。

東方醫學

　　藉著由植物或礦物等自然素材所製造出來的中藥或穴道刺激來調整身體狀況、治療疾病。

中藥

穴道

阿尤爾威達

　　印度自古流傳下來的自然療法醫學。
　　留意飲食、生活習慣等各方面，使身體恢復原有的姿態。

整骨・按摩【注】

　　矯正身體的歪斜，揉捏或摩擦肌肉，促進血液循環，消除身體失調的現象。

花草療法

　　利用植物具有的藥效來治療身體失調的現象。
　　具有藥效的植物稱為花草，可以使用在料理中或當成沐浴劑來使用。

芳香療法

　　使用從植物浸出的香氣成分（精油），配合當時的心情和症狀，藉著聞香氣而得到放鬆的方法。

順勢療法（同種療法）

　　如右圖所示，使用含有少量引起疾病症狀的物質的錠劑來治療。
　　也就是所謂以毒攻毒的治療法。

海洋療法

　　利用海草等海產物，藉著海水中所含的礦物質或維他命等的力量促進新陳代謝的方法。

海

音樂療法

　　藉著聽音樂而得到放輕鬆的效果。
　　尤其像莫札特的音樂，就具有很好的「治療」效果。

色彩療法

　　利用顏色所具有的各種效用，納入裝潢或服裝中，調整身體狀況。

【顏色效用例】
綠 ＝ 放鬆
紅 ＝ 興奮

　　除此之外，還有各種的自然療法，可以選擇適合自己的方法來創造健康的生活。

【注】所謂的整骨療法，就是藉著矯正骨骼的歪斜來調整身體狀況的療法。

各種症狀的對策　消除肩膀酸痛法

★為什麼會引起肩膀酸痛？

人因為直立步行，腦特別發達，因而建立了「文化」。

但是直立步行使得人類必須要承受不穩定的姿勢，結果對肩膀造成極大的負擔。

因此從後脖頸到肩膀周圍的肌肉會感覺不適，而且會產生鈍痛感，這種狀態就稱為肩膀酸痛。

★容易引起肩膀酸痛的原因

過度使用肩膀或姿勢不良時，即很容易導致肩膀酸痛。

此外，眼睛疲勞或缺乏維他命B1時，也會引起肩膀酸痛。

防止肩膀酸痛的姿勢

姿勢不良時，肌肉承受多餘的力量，容易引起肩膀酸痛。亦即只有保持如下圖所示的良好姿勢，才能夠從痛苦的肩膀酸痛中解放出來。

【站立時】

良好姿勢　　　　不良姿勢

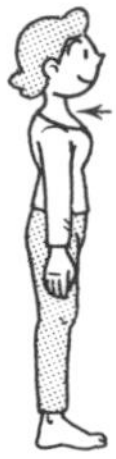

脊椎挺直，體重均勻的分布於背骨。

一旦駝背，頸部和肩膀的肌肉就會承受過多的負擔。

【坐著時】

良好姿勢　　　　不良姿勢

淺坐在椅子上，腰部到背部保持挺直

趴在桌前的駝背姿勢

肩膀酸痛的處理方法

當肩膀酸痛的症狀嚴重時，可按照下列的方式靜養，注意血液循環的暢通。

血液循環順暢時，疲勞的肌肉即能迅速得到養分和氧，而且肌肉所產生的老廢物也能夠迅速排除，如此一來，就能夠消除肩膀酸痛。

溫濕布療法　　取得休息　　　泡個溫水澡　　體操按摩

利用市售的濕布或熱毛巾進行溫濕布療法

聽聽喜歡的音樂也不錯

38～40℃左右

（參照次頁）

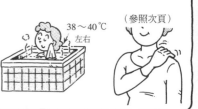

穴道按摩

【治療肩膀酸痛的穴道】

身體的背面

枕部

風池：在髮際處、頸部兩側的陷凹處

天柱：後頸正中央陷凹處的兩外側

斜方肌

肩井：脖子根部和肩膀中央斜方肌的前緣部

用手指按壓穴道附近，或泡澡時用熱水淋浴的方式澆淋穴道，也是很好的方法。

兩腳的大腳趾

腳的大腳趾內側有對於肩膀酸痛有效的穴道

體操

【促進頸部和肩膀血液循環的各種體操】

頸部朝左右慢慢的倒下

頸部朝前後慢慢的倒下

轉動頸部

好像聳肩似的將肩膀上抬、放下

雙手扠腰，頭往後倒，挺胸

食物・飲料

【治療肩膀酸痛的食物】

●**維他命B群**：維他命B群具有放鬆肌肉的作用，所以可以消除肩膀酸痛。（參照P149）

●**蒜・薑**：這些食物能夠溫熱身體，促進血液循環，對於肩膀酸痛很有效。

維他命B群含量較多的食物

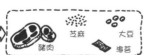

豬肉　芝麻　大豆　海苔

薑湯

把薑放入滾水中，沖泡後飲用更有效。

注意!!

這時候要立刻去看醫師!!

肩膀酸痛大多只要利用這裡所列舉的方法，就可以消除，但是如果再怎麼處理也仍然無法改善時，就可能是因為某些疾病而造成的疼痛。這時要趕緊接受醫師的檢查。

各種症狀的對策　治療腰痛的方法

脊柱（背骨）

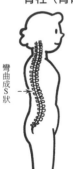

彎曲成S狀

★何謂腰痛？

直立步行的人類，肩膀和腰都承受極大的負擔。

因此，與肩膀酸痛同樣的，也很容易引起腰痛。

尤其腰承受了總體重60%的重量，因此經常會過度使用腰部肌肉。

★防止腰痛的「生理的」構造

如左圖所示，從側面看背骨，彎曲成S狀，具有好像彈簧一般的構造，這樣可以減少加諸於腰部的衝擊。〔注〕

但是如果腹部過於突出，形成不良姿勢時，則背骨挺直的狀態就會增加腰部的負擔，成為腰痛的原因。

生活上的注意事項

抬起重物時要注意！！

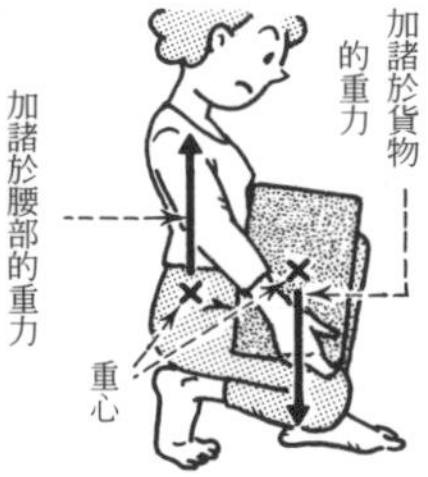

突然抬起重物時，很容易引起腰痛。（亦即所謂的閃腰）

在抬起重物時要先屈膝，身體靠向要搬的東西，然後再把東西搬起來。（左圖）

這樣可以使身體和貨物的重心（重量集中點）互相靠近，減少腰部的負擔。

加諸於貨物的重力

加諸於腰部的重力

重心

不要穿高跟鞋！！

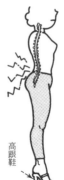

穿高跟鞋會形成腰部後仰的姿勢，並增加腰部的負擔。

鞋跟保持在3cm以內的高度較好。

高跟鞋

緊急處理

首先要靜養！！

出現腰痛時，首先一定要靜養，讓腰部肌肉休息。

濕布療法

產生劇痛時，可以冷敷10分鐘。

如果不是很痛的話，則只要使用溫濕布療法即可使腰部的血液循環順暢。

按摩等

待劇痛停止時，可以藉著按摩或做體操，使得症狀迅速去除，而且可以防止復發。（參照次頁）

【注】從側面看脊柱時，形成複雜的彎曲狀。正確的說法，應該是頸椎往前方突出，而腰椎往後方突出，然後後腰椎再度往前方突出，腰椎和骶骨的交界處形成角度，骶骨和尾骨則朝後方突出，遂形成彎曲之狀。

緩和腰痛的穴道

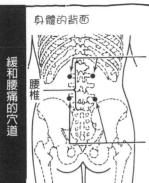

身體的背面

腰椎

【刺激（揉捏、指壓、加熱）的穴道】

腎俞：軀幹最細的地方（腰部線條），距離背骨2指幅寬（食指與中指）外側處。

大腸俞：骨盆的最高處，在腎俞正下方的穴道。

兩腳

承山：在小腿肚的肌肉變成肌腱的交界處，腿用力時就很容易找得到。

體操

當腰痛停止之後，如下圖所示做體操，以不會感覺到疼痛的強度每天做。

腹肌運動

稍微屈膝，可以減少腰部的負擔

伸展大腿內側運動

左右腿交互進行，大約靜止15～20秒

骨盆旋轉運動

腰抬起放下

伸展背肌運動

左右腿交互進行，大約靜止15～20秒

食物

維他命B群較多的食物：

維他命B群具有緩和肌肉動作的功能，能夠減輕腰痛。

豬肉　芝麻　大豆

鈣質較多的食物

鈣質能夠強健骨骼，防止骨質疏鬆症，使腰部挺直，防止腰痛。

牛乳乳製品　小魚　海草

注意!!　**這時候要立刻去看醫師!!**

例如，腫瘤或癌症出現在背骨時，會引起腰痛。自己處理卻無法好轉時，就要接受醫師的檢查。

各種症狀的對策　眼睛疲勞擊退法

★為何會引起眼睛疲勞？

　　長時間盯著電視或電腦螢光幕看，或是看太小的字，過度使用眼睛時，就都會感覺眼睛疲勞。

　　這就是所謂的眼睛疲勞，嚴重時還會引起肩膀酸痛、頭痛等各種毛病。

　　因為過度使用眼睛而引起的眼睛疲勞，只要平常稍微注意一下，就可以完全消除。（參照以下內容）

★其他的眼睛疲勞

　　眼睛疲勞不光是過度使用眼睛而造成的，也可能是因為以下的原因而引起的。

　　●**眼睛的疾病**：青光眼、角膜炎、結膜炎等，初期症狀都是眼睛疲勞。

　　●**其他疾病**：糖尿病、胃腸疾病以及貧血時，也會引起眼睛疲勞。

　　●**視力異常**：遠視、散光、老花眼等視力異常時，也會覺得眼睛疲勞。

　　自行處理仍無法好轉時，就有可能是因為這些疾病所造成的，一定要**接受醫師的檢查**。

⑤ 各種症狀的對策

生活上的注意事項

❶不要持續好幾個小時盯著電視或電腦螢光幕看，以免過度使用眼睛。

電腦

❷有時候要按摩眼睛周圍。（參照次頁）

輕輕按摩

❸有時候要看遠處（窗外等），讓眼睛肌肉休息一下。

看遠處能放鬆眼睛肌肉的緊張

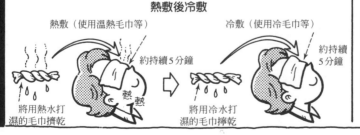

處理方法

熱敷後冷敷

熱敷（使用溫熱毛巾等）

約持續5分鐘

熱熱

將用熱水打濕的毛巾擰乾

冷敷（使用冷毛巾等）

約持續5分鐘

將用冷水打濕的毛巾擰乾

【注意❶】如果沒有時間，只要熱敷，也具有某種程度的效果。

【注意❷】眼睛充血時，不能熱敷，只能冷敷。

去除眼睛疲勞的穴道

【刺激（揉捏、指壓、加熱）的穴道】

顴骨

絲竹空：眉毛外側的陷凹處

睛明：眼頭和鼻子之間的陷凹處

承泣：瞳孔下方的陷凹處

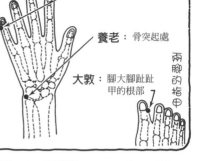

兩手手背

少澤：小指指甲根部

養老：骨突起處

大敦：腳大腳趾趾甲的根部

兩腳的拇甲

按摩・體操

用手指按壓睛明
（眼頭與鼻子之間）

沿著眼睛周圍骨的陷凹處，用手指按壓。

【頸部體操】

頸部往前後倒

頸部往左右倒

繞頸部

食物

維他命A較多的食物：

黃綠色蔬菜　肝臟

小藍莓　鰻魚

維他命A能夠供給眼睛營養，同時能夠防止夜盲症及視力減退。（參照147頁）

維他命B1較多的食物：

豬肉　大豆

芝麻　糙米

維他命B1能夠調整神經的功能，緩和眼睛神經的疲勞。（參照149頁）

注意!!　眼睛的「度數」是否正確？

使用眼鏡或隱形眼鏡的人，如果自行處理而仍然無法去除眼睛疲勞時，則必須去看眼科醫師，以檢查眼睛的度數是否正確。

各種症狀的對策　消除便秘的方法

★便秘是何種狀態？

健康的人1天會排便1～2次。

因為某種理由而幾天不排便，就是便秘。

★便秘的種類

便秘有以下幾種：

❶機能性便秘：早上忍耐不去上廁所，或是勉強減肥，使得腹肌力量減弱而引起便秘。

此外，還有因為壓力等造成腸過敏、痙攣而產生的便秘（**痙攣性便秘**）。

腸本身無異常，所以只要改變生活習慣，就能夠消除便秘。

❷器官性便秘：當腸出現病變時所引起便秘，即使自己處理也無法好轉。

自己處理也無法改善時，就要接受醫師的檢查。

⑤ 各種症狀的對策

生活上的注意事項	【要好好的攝取三餐】尤其要吃早餐，能夠幫助胃‧大腸反射（參照以下內容）。 	【不要忍耐不上廁所】 　　早上擁有充裕的時間，應養成定時上廁所的好習慣。
處理法	【利用胃‧大腸反射】 　　早上起床不吃東西，先喝冰牛奶或冰水，藉著自律神經的作用，活絡大腸功能，就能產生便意。【注】 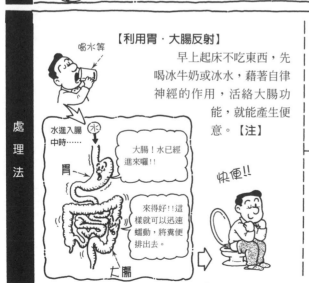	【鍛鍊腹肌】 　　當腹肌鬆弛時，擠出糞便的力量減弱，因此容易便秘。 　　所以要多做體操等，以鍛鍊腹肌。（參照48頁） --- 【攝取食物纖維】 　　食物纖維存在於蔬菜、水果以及海草中，在體內不會被消化掉，不能成為營養，但是卻能夠清掃腸內，使得排便更為順暢。（參照141頁）

【注】硬便即出現顆粒形的便秘（痙攣性便秘），這時如果喝冰涼飲料，反而會提高緊張度，並不好。

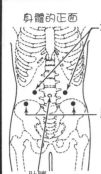
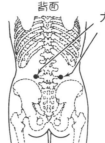
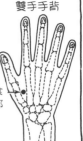

對於便秘有效的穴道

【刺激（揉捏、指壓、加熱）的穴道】

身體的正面

背面

雙手手背

天樞：離肚臍3指幅寬（食指、中指與無名指）的外側

腹結：乳頭下方距離肚臍1個拇指寬的下方

大腸俞：骨盆上端距離背骨2指幅寬（食指和中指）的外側點

合谷：手背食指與拇指根部的陷凹處

肚臍

呼吸‧體操

【腹式呼吸】能夠鍛鍊腹肌，消除便秘。

吸氣

由鼻子吸氣，使腹部膨脹⋯⋯

吐氣

將進入肚子裡的空氣完全排出⋯⋯

由口中慢慢的吐出氣息。

【消除便秘的各種運動】

鍛鍊腹肌，使排便順暢的運動

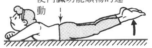

鍛鍊背部肌肉，使內臟功能順暢的運動

使內臟功能順暢的運動

食物

食物纖維較多的食物：

食物纖維能夠清掃腸內，促進排便。

（參照140頁）

蔬菜、水果 　糙米 　豆類 　海草

優格：

優格中的乳酸菌能夠調整腸的作用，消除便秘。

咖啡：

具有促進排便的效果。

（注：喝太多並不好，1天只能喝1～2杯）

注意!!

不可以利用瀉藥排便!!

有便秘傾向時，如果利用瀉藥排便，將會降低腸的功能，造成不使用瀉藥就無法排便。要重新評估生活習慣，最好不要使用瀉藥。

各種症狀的對策　停止下痢的方法

⑤ 各種症狀的對策

【健康人的情況】

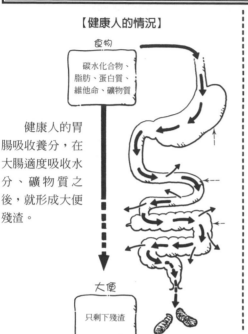

食物

碳水化合物、脂肪、蛋白質、維他命、礦物質

健康人的胃腸吸收養分，在大腸適度吸收水分、礦物質之後，就形成大便殘渣。

大便

只剩下殘渣

【下痢者的情況】

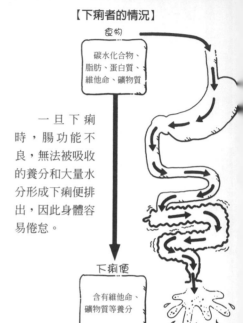

食物

碳水化合物、脂肪、蛋白質、維他命、礦物質

一旦下痢時，腸功能不良，無法被吸收的養分和大量水分形成下痢便排出，因此身體容易倦怠。

下痢便

含有維他命、礦物質等養分

原因			
❶暴飲暴食	❷食物中毒	❸腹部受涼	❹壓力（神經性下痢）
吃得過多、喝得過多，過度使用胃腸時，都容易引起下痢。	吃了腐敗或受到病原菌污染的食物時，就會引起下痢。	一旦腹部受涼，腸功能也不良，就會引起下痢。	胃腸功能由自律神經控制，一旦壓力積存，自律神經受損，就會引起下痢。

處理法		
❶靜養	❷腹部保溫	❸補充水分
下痢時營養會流失，因此沒有體力。 必須靜養，以便能恢復身體的抵抗力。	腹部保溫，就能夠使腸功能順暢。 熱敷或利用腹圍等保持溫熱。睡覺時腹部一定要蓋被子。	下痢便會流失大量的水分，容易引起脫水症狀，所以一定要適度的補充水分。【注】

【注】最好藉著喝溫開水、熱茶或清湯等來補充水分。牛奶或燉肉湯會對腸胃造成負擔，因此最好不要攝取。

對下痢有效的穴道

【刺激（揉捏、指壓、加熱）的穴道】

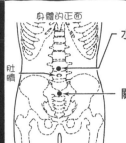

身體的正面

肚臍

水分：距肚臍上方1個拇指寬的穴道

關元：距肚臍下方4指幅寬（食指、中指、無名指與小指）的穴道

液門：無名指根部與小指根部之間的穴道

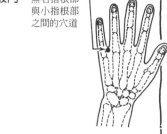

兩手手背

背面

腎俞：軀幹周圍最細的地方（繫皮帶的位置），距離背骨2指幅寬（食指與中指）外側處

大腸俞：腎俞正下方的線條上，骨盆上端的穴道

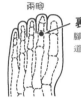

兩腳

裏内庭：腳底第2趾根部的穴道

體操

仰躺，在背部滾動乒乓球等，可刺激腎俞和大腸俞

利用乒乓球等

坐在椅子上，手伸直，身體後仰，然後往前倒（能夠調整胃腸功能的運動）

食物

●**梅子**：梅子能夠調整胃腸的功能，同時殺死進入體內的細菌。醃鹹梅泡熱開水來喝比較好。

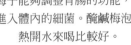

醃鹹梅湯
醃鹹梅

●**蜂蜜**：蜂蜜也具有調整胃腸功能的作用。加入左述的醃鹹梅湯中更有效。

●**蘋果**：蘋果具有整腸功能。

注意!!

不要任意服用止瀉藥!!

下痢是身體為了排除有害物質而產生的一種「防衛反應」，所以服用止瀉藥並不好。下痢不止時，不要隨意服用藥物，一定要接受醫師的檢查。

各種症狀的對策　**胃脹消除法**

胃悶形成噯氣（胃脹）或胃痛等胃的不適感，大致可以分為以下幾種。

❺ 各種症狀的對策

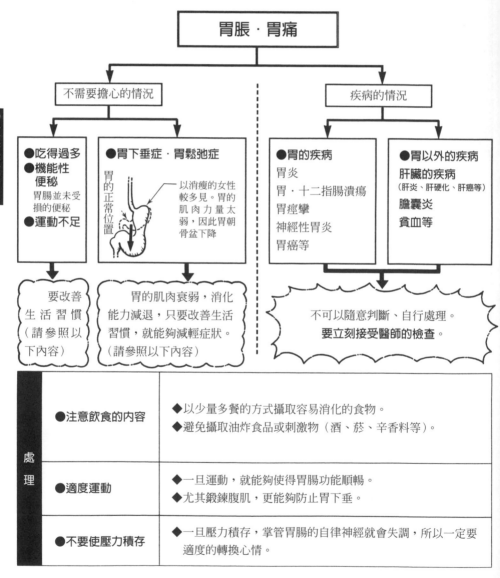

胃脹．胃痛

不需要擔心的情況　｜　**疾病的情況**

●吃得過多
●機能性
　便秘
　胃腸並未受
　損的便秘
●運動不足

●胃下垂症．胃鬆弛症
胃的正常位置

以消瘦的女性較多見。胃的肌肉力量太弱，因此胃朝骨盆下降

●胃的疾病
胃炎
胃．十二指腸潰瘍
胃痙攣
神經性胃炎
胃癌等

●胃以外的疾病
肝臟的疾病
（肝炎、肝硬化、肝癌等）
膽囊炎
貧血等

要改善生活習慣（請參照以下內容）

胃的肌肉衰弱，消化能力減退，只要改善生活習慣，就能夠減輕症狀。（請參照以下內容）

不可以隨意判斷、自行處理。
要立刻接受醫師的檢查。

處理	●注意飲食的內容	◆以少量多餐的方式攝取容易消化的食物。 ◆避免攝取油炸食品或刺激物（酒、菸、辛香料等）。
	●適度運動	◆一旦運動，就能夠使得胃腸功能順暢。 ◆尤其鍛鍊腹肌，更能夠防止胃下垂。
	●不要使壓力積存	◆一旦壓力積存，掌管胃腸的自律神經就會失調，所以一定要適度的轉換心情。

緩和胃不適感的穴道

【刺激（揉捏、指壓、加熱）的穴道】

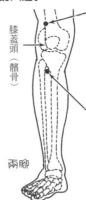

身體的正面

胸骨

胃

中脘：在肚臍與胸骨下端正中央處的穴道（這個穴道的後面就是胃）

梁丘：距離膝蓋頭（髕骨）外側2指幅寬（食指與中指）上方的地方

膝蓋頭（髕骨）

足三里：膝下方骨的突起處下方3指幅寬（食指、中指與無名指）的位置

兩腳

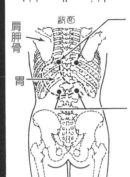

背面

肩胛骨

胃

隔俞：在肩胛骨下端線上，距離背骨2指幅寬（食指與中指）外側的穴道

胃俞：隔俞的正下方，在肩胛骨下端與腰骨中間的穴道（後方就是胃）

地倉：在嘴唇外側半個拇指寬度的位置

【對胃好與不好的食物】

煮軟一點比較好 ←—————————————— ‧‧‧ ——————————————→ 最好不要攝取的食物!!

食物

	容易消化的食物	不容易消化的食物
主食	軟飯、粥、烏龍麵、白土司麵包	拉麵、炒飯等、油膩的食物、壽司、糯米、小紅豆飯、糙米等
肉‧蛋‧乳製品	里脊肉（牛肉、豬肉）、去皮的肉、半熟蛋、奶油、牛奶	脂肪較多的肉、火腿、培根、香腸、用油調理的蛋
魚貝類	脂肪較少的魚（鯛魚、比目魚、鱸魚、鱈魚、鰈魚等白肉魚）	脂肪較多的魚（鮪魚脂肪、秋刀魚、沙丁魚、鰤魚、鰻魚等）
蔬菜‧薯類	白蘿蔔、高麗菜、馬鈴薯、甘藷、蕪菁、胡蘿蔔	食物纖維較多的蔬菜（竹筍、慈菇等）
水果	香蕉、桃子、蘋果	柿子、水果乾
豆類製品	豆腐、黃豆粉	油豆腐、小紅豆、大豆
嗜好品	加州梅、冰淇淋、長條形蛋糕、圓鬆餅、威化餅乾、果凍等	咖啡、汽水、酒、油炸點心、菸

各種症狀的對策　消除口臭的方法

被他人指出或自己感覺到口的氣味（口臭），大部分是以下的原因造成的。

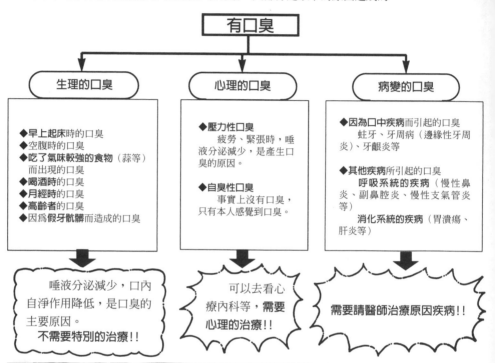

有口臭

生理的口臭

◆早上起床時的口臭
◆空腹時的口臭
◆吃了氣味較強的食物（蒜等）而出現的口臭
◆喝酒時的口臭
◆月經時的口臭
◆高齡者的口臭
◆因為假牙骯髒而造成的口臭

唾液分泌減少，口內自淨作用降低，是口臭的主要原因。
不需要特別的治療！！

心理的口臭

◆壓力性口臭
　疲勞、緊張時，唾液分泌減少，是產生口臭的原因。

◆自臭性口臭
　事實上沒有口臭，只有本人感覺到口臭。

可以去看心療內科等，需要心理的治療！！

病變的口臭

◆因為口中疾病而引起的口臭
　蛀牙、牙周病（邊緣性牙周炎）、牙齦炎等

◆其他疾病所引起的口臭
　呼吸系統的疾病（慢性鼻炎、副鼻腔炎、慢性支氣管炎等）
　消化系統的疾病（胃潰瘍、肝炎等）

需要請醫師治療原因疾病！！

消除氣味法

牙齒的清理：口臭幾乎都是殘留在牙齒的食物殘渣所造成的，因此要用牙刷好好的刷牙，並養成經常清洗假牙的習慣。

嚼口香糖：嚼口香糖能夠促進唾液的分泌，幫助口內的自淨作用。

喝茶：茶中所含的類黃酮成分，具有消除難聞氣味的作用。

【參考知識】蒜的氣味可以藉著喝牛奶來消除

　　蒜或韭菜中所含的蒜素成分，對於健康很好，但是相反的也會造成惡臭。不過在喝下牛奶之後，其中所含的脂肪能夠包住蒜素，就不會聞到難聞的氣味了。

各種症狀的對策　蛀牙等所引起的牙痛消除法

　　殘留在牙齒中的食物殘渣，會造成細菌繁殖，產生強烈的酸。

　　酸溶解了牙齒的狀態，就稱為蛀牙。

　　蛀牙不光是會產生劇痛，同時也會成為口臭的原因。

　　此外，肩膀酸痛時，也會引起牙痛。

緊急處理方法

漱口可去除留在牙齒中的食物殘渣	冷　敷	服用鎮靜劑	刷　牙	刺激穴道
用溫水漱口，牙齒就不會覺得刺痛了	利用冰冷的毛巾等冷敷。藉著麻痺神經，就可以緩和疼痛			按摩等（請參照以下的內容）

對於蛀牙有效的穴道

雙手手背

【刺激（揉捏、指壓、加熱）的穴道】

●**合谷**：在手背部拇指與食指根部陷凹處的穴道

●**顴髎**：鼻翼線條與眼尾線條交叉處的穴道

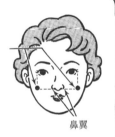

鼻翼

背面

肩頭

肩胛骨

●**肩井**：脖子根部、肩頭正中央的穴道

第4胸椎

●**膏肓**：肩胛骨內側邊緣距離背骨的第4胸椎4指幅寬（食指、中指、無名指與小指）外側的穴道

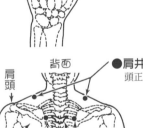

兩腳

●**足三里**：膝下骨突出處3指幅寬（食指、中指與無名指）下方的穴道

●**上巨虛**：足三里下方3指幅寬（食指、中指與無名指）的穴道

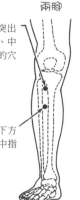

各種症狀的對策 擊退感冒法

★感冒的原因

感冒是浮游於空氣中的病毒造成的。
感冒的根源病毒有200種以上。

★引起感冒的構造

病毒和空氣一起吸入體內時，身體的防衛機能發揮作用，血液內的白血球會擊退病毒。

但是一旦壓力和疲勞積存，體力減退時，防衛機能無法順暢發揮，病毒就會不斷的增殖。

結果身體就如右圖所示，無法趕走病毒。這時出現的就是感冒的各種症狀。

【趕走感冒病毒的構造】

❶首先，鼻子不斷的分泌**鼻水**、打噴嚏，趕走病毒。（**鼻子的異常＝鼻子感冒**）

❷但是當病毒侵入到喉嚨時，就會咳嗽，想要趕走病毒，而且喉嚨腫脹疼痛。（**喉嚨異常**）

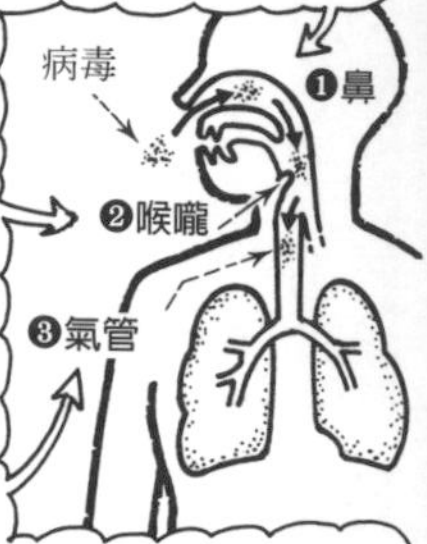

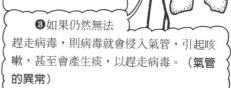

❸如果仍然無法趕走病毒，則病毒就會侵入氣管，引起咳嗽，甚至會產生痰，以趕走病毒。（**氣管的異常**）

預防法

❶多漱口!!

要去除侵入體內的病毒，漱口是最好的方法。從戶外回家時，一定要漱口。

❷補充營養!!

要戰勝病毒，就一定要均衡攝取飲食，這樣才有對付疾病的抵抗力。

❸創造體力!!

攝取營養之後，還要有充足的睡眠。進行乾布摩擦或適度運動，儘量不要穿太厚的衣服。藉著這些方法就可以創造體力。

處理方法

❶靜養、攝取營養!!

不小心感冒時，首先一定要靜養、攝取營養，擁有能夠戰勝疾病的體力。這時房間需要保持適度的溫度和濕度。

為了避免發燒，可以睡冰枕等。【注】

❷補充水分!!

感冒時會流汗，容易缺乏水分，一定要適度補充水分。

【注】但是發燒的構造非常複雜，不見得睡冰枕就能夠立刻退燒，只是能夠暫緩身體發熱的程度而已。如果患者不願意，也不須要勉強冰敷。

對於感冒有效的穴道

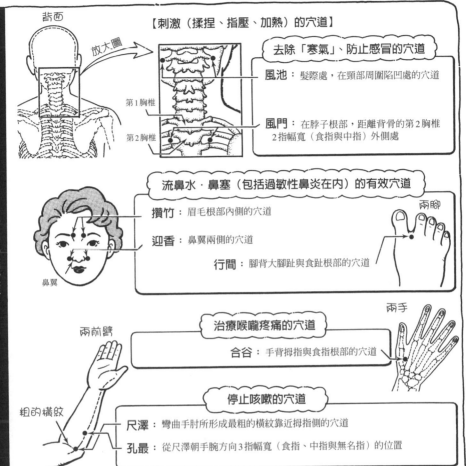

【刺激（揉捏、指壓、加熱）的穴道】

背面

放大圖

第1胸椎

第2胸椎

去除「寒氣」、防止感冒的穴道

風池：髮際處，在頸部周圍陷凹處的穴道

風門：在脖子根部，距離背骨的第2胸椎2指幅寬（食指與中指）外側處

流鼻水‧鼻塞（包括過敏性鼻炎在內）的有效穴道

兩腳

攢竹：眉毛根部內側的穴道

迎香：鼻翼兩側的穴道

行間：腳背大腳趾與食趾根部的穴道

鼻翼

兩前臂

兩手

治療喉嚨疼痛的穴道

合谷：手背拇指與食指根部的穴道

停止咳嗽的穴道

尺澤：彎曲手肘所形成最粗的橫紋靠近拇指側的穴道

孔最：從尺澤朝手腕方向3指幅寬（食指、中指與無名指）的位置

粗的橫紋

食物

蔥‧薑‧韭菜

這些食物能夠促進血液循環，所以能夠溫熱身體。

薑

蔥

韭菜

醃鹹梅

裡面所含的檸檬酸能夠提高代謝能力，可以創造體力。

維他命B群

對於感冒很好，能夠緩和肌肉的僵硬與疼痛感。

豬肉

豆類

　　左邊所列舉的食物可以煮成湯（例如：薑湯），或是放入火鍋料理中一起吃，較有效。

　　此外，像乳酪等只要攝取少量，就能夠產生極高的營養價，最適合用來創造體力。

【參考知識】引起浮腫的原因

人類的身體一半以上都是水分。

水分的平衡，必須藉由腎臟和自律神經等的功能來保持穩定。

但是因爲某種原因而使得功能無法順暢進行時，細胞與細胞之間會有水分積存，這就是所謂的浮腫。

很多有肥胖煩惱的人，事實上都是浮腫造成的。

浮腫的原因如下。

【引起浮腫的各種原因】

腎臟疾病

腎臟具有製造尿液，將多餘的水分排出的作用。

腎臟受損時，體內就會有水分積存而引起浮腫。

必須趕緊接受醫師的治療。

心臟疾病

心臟無法順暢發揮作用時，血液循環無法順暢進行，全身就會出現浮腫。

要趕緊接受醫師的治療。

月經前

女性荷爾蒙當中由卵巢排出黃體素（黃體酮），具有使身體浮腫的作用。

排卵過後、月經開始之前，大約有2週的時間，黃體素分泌旺盛，因此容易引起浮腫。

懷孕時

懷孕的女性，在傍晚時有浮腫更爲嚴重的傾向。

到了早上浮腫消退，那就沒有問題。但是如果沒有消退，則可能是妊娠中毒症，要趕緊接受醫師的檢查。

血液循環不良時

一整天坐著或站著工作的人，血液循環不良，水分排出不順暢，容易浮腫。

藉著運動改善血液循環。

定期做運動或按摩，改善生活習慣，使得血液循環順暢，就能夠消除浮腫。

荷爾蒙異常

最常見的情形是，甲狀腺功能減退而引起的黏液水腫，這時必須要由醫師來處理。

老化現象

水分排泄功能衰退時即容易引起浮腫。

各種症狀的對策　消除浮腫法

腎臟或心臟等疾病所造成的浮腫，必須由醫師來處理，但是如果不是病態的浮腫，則可以利用以下的方式來消除浮腫。

生活上的注意事項

❶不要攝取太多的鹽分・菸・酒

鹽中所含的鈉，具有吸引水分子的作用，攝取過多，會使水分蓄積在體內，引起浮腫。

菸和酒也會使水分積存，引起浮腫，所以不要攝取太多。

❷攝取蔬菜・水果

蔬朵、水果中含有豐富的礦物質鉀。

鉀具有排出積存在體內多餘的鈉的作用，可以防止水分蓄積，消除浮腫。

❸適度運動

做運動，能夠使得血液循環順暢。

因此能夠排出體內多餘的水分，防止身體浮腫。

以上是消除全身浮腫的要點。如果是部分浮腫，則除了遵守上述的注意事項之外，還要注意以下事項。

臉部浮腫

按摩

整張臉進行按摩，能夠使血液循環順暢，消除浮腫。

用冷水洗臉

去除污垢之後，用冷水以拍打的方式洗臉，就能夠去除浮腫。

刺激大腳趾底部

以按摩的方式刺激大腳趾底部，能夠有效的去除臉部浮腫。

腹部的浮腫

刺激（揉捏、指壓、加熱）可以去除腹部浮腫的穴道

水分：肚臍上方1個拇指寬處的穴道

天樞：肚臍外側食指與中指2指幅寬的位置

手的浮腫

雙臂的按摩

雙臂

雙臂（手肘和肩之間）的後側有消除浮腫的穴道。

以用手指捏的方式來按摩較有效。

※關於腿部的浮腫，請參照次頁。➡

各種症狀的對策　使腿部曲線美麗的方法

【腿會變粗的原因】

一直站著或坐著工作時，腿的血液循環不良，水分代謝停滯，腿會浮腫，容易變胖。

處理法

❶儘量活動腿！！

腿有肌肉唧筒這個促進血液循環的構造。

要多走路或晃動雙腿，亦即經常活動雙腿。

❷吃水果可去除浮腫！！

水果或蔬菜中所含的鉀，以及咖啡中所含的咖啡因，具有利尿作用，能夠去除浮腫。

 水果　蔬菜

 茶　咖啡

❸做體操或按摩！！

按摩下述的穴道，或是做能夠鍛鍊腿部的體操。多多活動腿。

使腿部曲線美麗的穴道

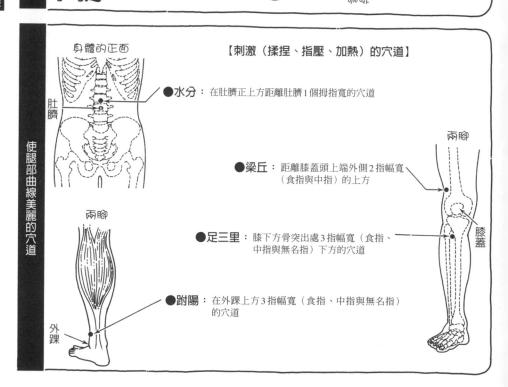

【刺激（揉捏、指壓、加熱）的穴道】

身體的正面　肚臍

●水分：在肚臍正上方距離肚臍1個拇指寬的穴道

兩腳　膝蓋

●梁丘：距離膝蓋頭上端外側2指幅寬（食指與中指）的上方

●足三里：膝下方骨突出處3指幅寬（食指、中指與無名指）下方的穴道

兩腳

●跗陽：在外踝上方3指幅寬（食指、中指與無名指）的穴道

外踝

各種症狀的對策　消除手腳等「冰冷」的方法

容易感覺冰冷處

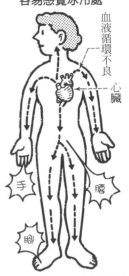

★冰冷和血液循環的關係

氣溫並不低，但是身體的某一部分卻覺得冰冷，這就是冰冷症。

冰冷是因為身體血液循環不良造成的，大多是手指或腳趾感覺冰冷。此外，腰寒冷時也會覺得冰冷。

★冰冷症的原因

調節身體各種功能的神經，稱為**自律神經**。

因為某種原因，自律神經的功能異常時，毛細血管收縮，血液循環不良，因此很容易形成冰冷症。

更年期障礙、身心症或過度的壓力等，會引起自律神經失調，成為冰冷症的原因。

此外，缺乏蛋白質或維他命時，也容易引起冰冷症。

促進血液循環的方法

❶保溫：穿著厚襪子或溫暖的內衣褲，不要使身體寒冷。夏天待在冷氣很強的房間裡時，最好在膝上蓋件薄被保溫。

❷泡澡：要促進血液循環，泡澡是最好的。不能泡澡的話，則用熱水溫熱手腳也有效。

❸注意飲食：充分攝取蛋白質或維他命。此外，辣椒、薑、蔥、韭菜能夠促進血液循環，要儘量納入飲食當中。

對冰冷症有效的穴道

【刺激（揉捏、指壓、加熱）的穴道】

●**陽池**
手腕朝外側彎曲時，手背側形成的橫紋，最靠近手腕的橫紋中央附近的穴道

●**三陰交**
足踝上方4指幅寬（食指、中指、無名指與小指）上方的位置

●**行間**
在腳背側大腳趾與第三趾趾根部的穴道

各種症狀的對策　消除肌膚問題的方法

肌膚的放大圖

| 基底層 | 顆粒層 | 有棘層 | 角質層 |

肌膚（皮膚）覆蓋在身體的表面，保護內部細胞免於**有害的病原菌或熱、冷、紫外線等**的傷害。

如左圖所示，皮膚分為4層。

在基底層，不斷的製造出新的細胞往上推擠，最後形成角質，大約4週內會由表皮脫落。（＝肌膚的**新陳代謝**）

❺ 各種症狀的對策

肌膚乾燥的原因及其對策

【原因】

❶肌膚骯髒

想要創造不會長青春痘或腫疱的肌膚，首先要去除污垢、保持清潔。

【對策】

至少在早上起床及晚上睡前每天2次用刺激性較弱的洗面皂去除污垢。【注】

❷日曬

紫外線是曬傷的原因，不光會形成斑點和雀斑，也會使肌膚老化，容易形成皺紋。

戴帽子、塗抹防曬用品，避免**過度直接照射陽光**。（關於防止曬傷的食物請參照次頁）

❸營養不足

肌膚代謝需要足夠的營養。

請參照次頁「食物」的項目。

❹肌膚乾燥

肌膚一旦乾燥，就容易形成皺紋。

利用化粧水等補充水分，攝取優質蛋白質。（參照次頁）

❺睡眠不足

肌膚的新陳代謝在睡眠中會旺盛的進行，如果睡眠不足，就無法修復肌膚。

生活要規律，養成每天定時就寢的習慣。（關於失眠症，請參照後面的敘述）

❻便秘

便秘時，對身體有害的老廢物會積存在腸內，使得內臟的功能衰弱，肌膚乾燥。

攝取食物纖維較多的蔬菜和水果，適度的運動，就能夠使得胃腸功能順暢，消除便秘。

【注】1天用洗面皂洗臉好幾次，會洗掉太多的皮脂，減弱肌膚的自淨能力。因此，使用洗面皂以1天2次為宜。

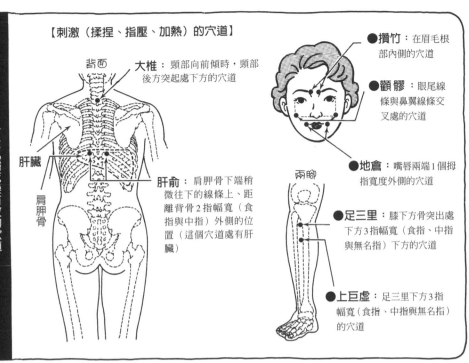

【刺激（揉捏、指壓、加熱）的穴道】

攢竹：在眉毛根部內側的穴道

顴髎：眼尾線條與鼻翼線條交叉處的穴道

地倉：嘴唇兩端1個拇指寬度外側的穴道

大椎：頸部向前傾時，頸部後方突起處下方的穴道

肝俞：肩胛骨下端稍微往下的線條上、距離背骨2指幅寬（食指與中指）外側的位置（這個穴道處有肝臟）

背面

肝臟

肩胛骨

兩腳

足三里：膝下方骨突出處下方3指幅寬（食指、中指與無名指）下方的穴道

上巨虛：足三里下方3指幅寬（食指、中指與無名指）的穴道

對於肌膚乾燥有效的穴道

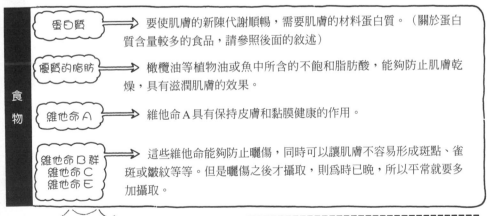

蛋白質 → 要使肌膚的新陳代謝順暢，需要肌膚的材料蛋白質。（關於蛋白質含量較多的食品，請參照後面的敘述）

優質的脂肪 → 橄欖油等植物油或魚中所含的不飽和脂肪酸，能夠防止肌膚乾燥，具有滋潤肌膚的效果。

維他命A → 維他命A具有保持皮膚和黏膜健康的作用。

維他命B群 維他命C 維他命E → 這些維他命能夠防止曬傷，同時可以讓肌膚不容易形成斑點、雀斑或皺紋等等。但是曬傷之後才攝取，則為時已晚，所以平常就要多加攝取。

食物

注意!! 不要過度依賴美容液!!

皮膚是保護內部免於外界侵襲的防禦膜，因此，即使塗抹昂貴的美容液，也不會滲透到內部。美麗的肌膚，必須靠適度的營養和睡眠，由「內部」得到美麗。

各種症狀的對策 消除生理（月經）煩惱的方法

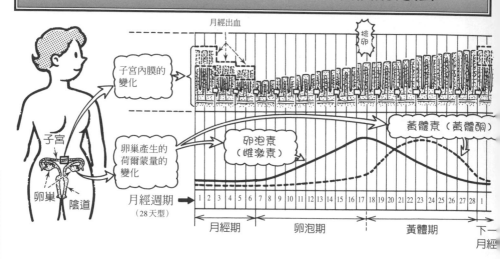

月經出血

排卵

子宮內膜的變化

黃體素（黃體酮）

卵巢產生的荷爾蒙量的變化

卵泡素（雌激素）

子宮

卵巢　陰道

月經週期
（28天型）

月經期　卵泡期　黃體期　下一月經

⑤ 各種症狀的對策

★月經週期與荷爾蒙的關係

健康的成年女性，大約每隔4週子宮內膜就會出血（**月經**）。這個間隔稱為**月經週期**。

月經結束之後，卵巢會分泌**卵泡素（雌激素）**。（卵泡期）

而卵巢會排出成熟的卵細胞（**排卵**），然後**黃體素（黃體酮）**的分泌增加。（黃體期）

★荷爾蒙與身體狀況的關係

卵泡期：這個時期，卵泡素的功能使得肌膚狀態良好，情緒穩定，屬於最佳狀態。

黃體期：這個時期受到黃體素的影響，**肌膚乾燥，身體容易浮腫，精神容易焦躁**。

這些不適的症狀，即統稱為**經前症候群**（PMS）。

月經期：黃體素的分泌減少，皮膚狀況得到調整，但是隨著經血的排出，有些人會出現**腹痛或腰痛**的現象。（**生理痛**）

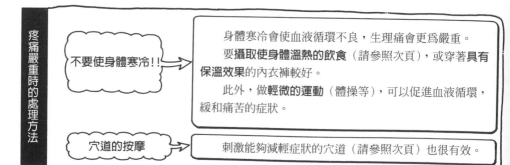

疼痛嚴重時的處理方法

不要使身體寒冷！！

身體寒冷會使血液循環不良，生理痛會更為嚴重。**要攝取使身體溫熱的飲食**（請參照次頁），或穿著**具有保溫效果**的內衣褲較好。

此外，做**輕微的運動**（體操等），可以促進血液循環，緩和痛苦的症狀。

穴道的按摩

刺激能夠減輕症狀的穴道（請參照次頁）也很有效。

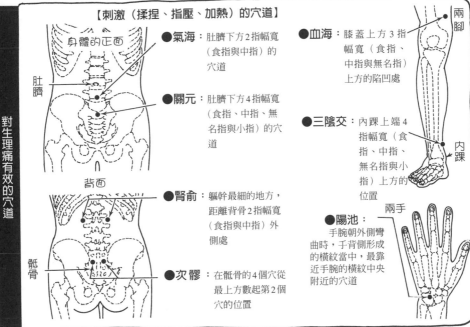

對生理痛有效的穴道

【刺激（揉捏、指壓、加熱）的穴道】

身體的正面

肚臍

背面

骶骨

●氣海：肚臍下方2指幅寬（食指與中指）的穴道

●關元：肚臍下方4指幅寬（食指、中指、無名指與小指）的穴道

●腎俞：軀幹最細的地方，距離背骨2指幅寬（食指與中指）外側處

●次髎：在骶骨的4個穴從最上方數起第2個穴的位置

●血海：膝蓋上方3指幅寬（食指、中指與無名指）上方的陷凹處

●三陰交：內踝上端4指幅寬（食指、中指、無名指與小指）上方的位置

●陽池：手腕朝外側彎曲時，手背側形成的橫紋當中，最靠近手腕的橫紋中央附近的穴道

兩腳

內踝

兩手

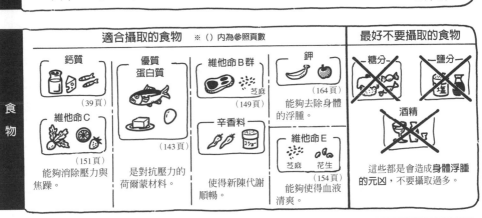

食物

適合攝取的食物 ※（ ）內為參照頁數				最好不要攝取的食物
鈣質（39頁）	優質蛋白質	維他命B群（149頁）芝麻	鉀（164頁）能夠去除身體的浮腫。	─糖分─ ─鹽分─
維他命C（151頁）能夠消除壓力與焦躁。	（143頁）是對抗壓力的荷爾蒙材料。	辛香料 使得新陳代謝順暢。	維他命E 芝麻 花生（154頁）能夠使得血液清爽。	酒精 這些都是會造成身體浮腫的元凶，不要攝取過多。

與月經「和睦相處」的方法

如前所述，健康女性卵泡素、黃體素的分泌量，會依時期的不同而產生變化。

在黃體素大量分泌的時期，身體狀況比較不好。

在這個時期，只要了解到「現在是自己精神容易焦躁、身體容易浮腫的時期」，就不會產生不安感。

各種症狀的對策　防止掉髮（脫毛症）的方法

放大圖

毛髮的構造
毛
頭皮
脂腺
立毛肌
毛根

★毛髮的「新陳代謝」

毛髮在10天內大約會長3～4毫米，持續生存3～7年。

生命終結時，毛根（長頭髮的髮根）細胞會死亡、脫落。

通常1天會掉落50～100根頭髮，同時新的毛髮也會不斷的生長。（毛髮的再生）

★掉髮太多時

因為某種理由，掉髮太多或新的頭髮無法長出來時，就稱為**脫毛症**。

防止掉髮的方法

保持清潔！！	按摩！！	體貼頭髮！！	攝取蛋白質！！
頭髮或頭皮骯髒時，會抑制毛髮的新陳代謝。	用5根手指按摩頭皮，能夠使得血液循環順暢，促進毛髮的新陳代謝，防止掉髮。	不要用梳子梳理過度，也不要用太燙的吹風機吹頭髮。此外，燙髮和染髮都是損傷毛髮的原因，也會成為掉髮的原因。	充分的攝取毛髮的成分蛋白質，就能使新陳代謝順暢，保持具有光澤的美麗頭髮。
所以每隔2～3天就要洗髮1次。			

洗髮

仔細按摩頭皮

不可以「吹風過度」

各種蛋白質

（參照143頁）

穴道

【刺激（揉捏、指壓、加熱）的穴道】

百會：頭部最高處的穴道

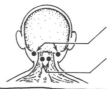

風池：髮際頸部兩側的陷凹處

天柱：後脖頸正中央陷凹的兩外側

【參考】　假髮的效果

因為遺傳和荷爾蒙的關係，掉髮的問題有時很難改善。這時可以使用假髮以減少精神壓力。這也是很不錯的方法。

5 各種症狀的對策

各種症狀的對策　治療頭痛的方法

★頭痛的原因

腦腫瘤或腦部外傷等疾病原因所引起的頭痛，要趕緊接受醫師的檢查。

大多數的頭痛，都是因為壓力或過度疲勞等原因而造成的肌肉收縮性頭痛，只要自己處理就能夠減輕疼痛。

★應該如何處理較好

肌肉收縮性頭痛，要放鬆僵硬的頸部肌肉，使得頭部血液循環順暢。只要這樣處理，就能夠減輕疼痛。（參照以下內容）

處理

❶按摩或做體操

進行下述的穴道按摩或做體操，就能夠使頭部的血液循環順暢。

❷採取墊高腳的姿勢

把腳抬到高於頭部的位置，就能夠促進頭部的血液循環。

❸少抽菸、少喝酒

大量的菸或酒會使血壓異常升高，成為頭痛的原因。

對頭痛有效的穴道

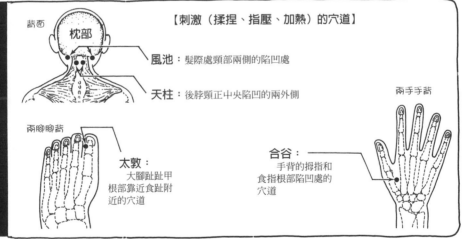

【刺激（揉捏、指壓、加熱）的穴道】

背面　枕部

風池：髮際處頸部兩側的陷凹處

天柱：後脖頸正中央陷凹的兩外側

兩腳腳背

太敦：大腳趾趾甲根部靠近食趾附近的穴道

合谷：手背的拇指和食指根部陷凹處的穴道

兩手手背

【參考】　頭部以外的疾病也可能引起頭痛！！

例如，眼睛或牙齒出現毛病時，也會引起頭痛。為了找出原因疾病，最好是要立刻接受醫師的檢查。

各種症狀的對策　消除焦躁法

工作或念書疲憊時，感覺到壓力就會焦躁，相信大家應該都曾有過這樣的經驗。

這時如果不好好的紓解壓力，反而會引起身心上的毛病。

消除焦躁要注意以下事項。

生活上的注意事項

補給營養

為了創造能夠抵擋壓力的身體，所以要規律、正常的攝取營養均衡的飲食。

取得足夠的睡眠

和次頁「身體倦怠」的情況一樣，要消除壓力，一定要擁有足夠的睡眠。

適度運動

適度運動可以使血液循環順暢，提高新陳代謝，藉此即能緩和焦躁的情緒。

對於焦躁有效的食物

鈣質

鈣質會緩和神經的興奮，所以能夠抑制焦躁。

碳水化合物

碳水化合物中所含的葡萄糖能夠活化腦，是不可或缺的食物。

蛋白質

蛋白質是抑制壓力的荷爾蒙（腎上腺皮質激素）的材料。

維他命

尤其是維他命C、E及β胡蘿蔔素，具有使新陳代謝旺盛的效果。

穴道

【刺激（揉捏、指壓、加熱）的穴道】

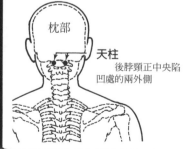

背面
枕部
天柱
後脖頸正中央陷凹處的兩外側

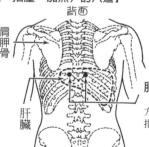

背面
肩胛骨
肝俞
肩胛骨下端稍下方線條上背骨外側2指幅寬的穴道
肝臟

各種症狀的對策　擊退身體倦怠法

　　沒有什麼特別不舒服的地方，但總覺得「身體倦怠」或「缺乏幹勁」。

　　這是因為在自己沒有察覺的情況下疲勞堆積而造成的。

　　這時要按照以下的方法去除疲勞。

日常生活上的注意事項

取得足夠的睡眠

　　熬夜或因為壓力而無法熟睡時，疲勞會大量的堆積。
　　要創造一個能夠讓自己熟睡的環境。（請參照第6章「睡眠與健康」）

泡溫水澡

　　溫水澡能夠放鬆酸痛的肌肉，使神經休息，最適合用來消除疲勞。
　　相反的，熱水澡會使得神經興奮，所以不要泡熱水澡。

補充營養

　　偏食或攝取太多的加工食品，會抑制身體的新陳代謝。
　　巧妙的攝取次項所提到的「對於疲勞有效的食物」，攝取營養均衡的飲食。

對於疲勞有效的食物

梅子・醃鹹梅

　　梅子中所含的檸檬酸，能夠提高身體的新陳代謝，可以達到消除疲勞的效果。

檸檬

　　檸檬中含有**維他命C**及**檸檬酸**，具有提高新陳代謝的效果。

蜂蜜

　　蜂蜜中的**果糖**、**維他命**和**礦物質**等各種養分，能夠消除疲勞。

維他命B群含量較多的食物

豬肉 　　芝麻

　　維他命B群能夠消除肌肉疲勞，使腦及神經的功能旺盛。

去除疲勞的穴道

【刺激（揉捏、指壓、加熱）的穴道】

背面

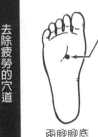

湧泉
腳趾朝內側彎曲時，在腳底形成的陷凹之處

兩腳腳底

腎俞
軀幹最細的地方（繫皮帶的位置），距離背骨2指幅寬（食指與中指）外側處

印堂
雙眉之間的穴道

各種症狀的對策　攝食障礙（厭食症・貪食症）的治療方法

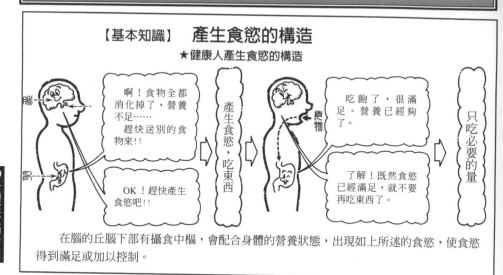

【基本知識】　產生食慾的構造

★健康人產生食慾的構造

啊！食物全都消化掉了，營養不足……趕快送別的食物來!!

產生食慾，吃東西

吃飽了，很滿足。營養已經夠了。

只吃必要的量

OK！趕快產生食慾吧!!

了解！既然食慾已經滿足，就不要再吃東西了。

在腦的丘腦下部有攝食中樞，會配合身體的營養狀態，出現如上所述的食慾，使食慾得到滿足或加以控制。

因爲某種原因，上述的食慾無法順暢控制的疾病，就是攝食障礙，有以下2種情況。

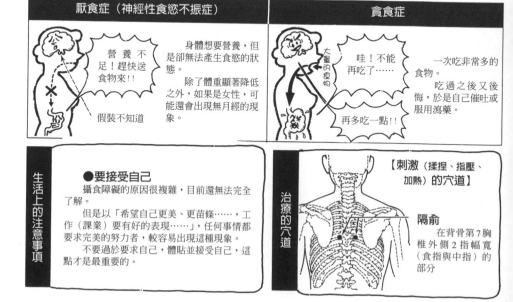

厭食症（神經性食慾不振症）

營養不足！趕快送食物來!!

假裝不知道

身體想要營養，但是卻無法產生食慾的狀態。

除了體重顯著降低之外，如果是女性，可能還會出現無月經的現象。

貪食症

哇！不能再吃了……

再多吃一點!!

大量的食物

一次吃非常多的食物。

吃過之後又後悔，於是自己催吐或服用瀉藥。

生活上的注意事項

●要接受自己

攝食障礙的原因很複雜，目前還無法完全了解。

但是以「希望自己更美、更苗條……，工作（課業）要有好的表現……」，任何事情都要求完美的努力者，較容易出現這種現象。

不要過於要求自己，體貼並接受自己，這點才是最重要的。

治療的穴道

【刺激（揉捏、指壓、加熱）的穴道】

隔俞

在背骨第7胸椎外側2指幅寬（食指與中指）的部分

度過更年期障礙的方法

各種症狀的對策

★何謂更年期

女性的身體藉由卵巢所產生的荷爾蒙作用，巧妙的發揮功能。

但是隨著年齡的增長，卵巢的功能逐漸衰退，荷爾蒙的分泌量減少，最後月經停止。

月經停止即稱為**停經**，停經前後的期間則稱為**更年期**。

★更年期障礙的症狀

進入更年期時，體內荷爾蒙分泌失調，因此會出現**頭痛**、**發熱**、**失眠症**、**心悸**等各種毛病。

尤其對於喪失女性機能會產生一種落莫感，造成**精神不穩定**。

生活上的注意事項

巧妙的轉換心情

培養興趣　運動

更年期是人生的一道「關卡」，伴隨而來的毛病是屬於生理上的毛病。

過了一段時間，體內荷爾蒙經過調整，這些問題自然就會消除。不要焦慮不安，要找出自己的興趣，讓自己快樂，轉換心情。

緩和症狀的穴道

兩腳

【刺激（揉捏、指壓、加熱）的穴道】

兩手

手掌

血海
在膝蓋內側上端4指幅寬（食指、中指、無名指與小指）上方陷凹處的穴道

內關
手腕內側，拇指側與小指側連結線的正中央，距離手掌一端2指幅寬（食指與中指）靠近手肘方向的穴道

三陰交
內踝上端4指幅寬（食指、中指、無名指與小指）上方的穴道

內踝

注意!!

更年期障礙不可以和重大疾病混為一談!!

更年期是容易產生生活習慣病（成人病）或癌症的時期。如果將這些疾病所引起的障礙，誤以為是更年期障礙，那可就糟糕了。

如果自行處理之後仍然無法改善，就要趕緊接受醫師的檢查。

【參考】關於更年期的詳細內容，請參照本出版社所發行的《〔完全圖解〕了解我們的身體〈看護篇〉》一書（國際村文庫書店）。

各種症狀的對策　高血壓擊退法

★何謂血壓？

心臟規律的收縮、放鬆，將血液送達全身。

隨著血液的流動，加諸血管壁的壓力，稱為**血壓**。心臟收縮時的血壓稱為**最大血壓**（收縮壓），心臟放鬆時的血壓稱為**最小血壓**（舒張壓）。

★高血壓的狀態

通常收縮壓為140mmHg以下，舒張壓為不到90mmHg。

但是因為某種原因，血壓非常的高，**收縮壓大約上升到160mmHg以上、舒張壓大約在95mmHg以上**的情形，就稱為高血壓。（WHO＝**世界衛生組織**所制定的基準）

高血壓大多是因為血管老化、脆弱而造成的。

因此，會成為**動脈硬化**的原因，容易引起腦部、心臟或腎臟的毛病。

生活上的注意事項

營養均衡的飲食	適度的運動	消除壓力	戒菸・少抽菸

擁有興趣（例如釣魚）

牛肉、豬肉等的脂肪會成為動脈硬化的原因，要避免攝取。應該攝取足夠的**蔬菜和水果**。

輕微的運動可以促進血液循環，使血壓穩定。（激烈的運動會增加心臟的負擔，造成反效果。）

壓力是血壓的大敵。所以要擁有興趣，睡眠充足，以消除壓力。

菸中所含的尼古丁，會使血管收縮，血壓上升。

對於高血壓有效的穴道

【刺激（揉捏、指壓、加熱）的穴道】

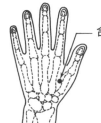

合谷：在手背食指與拇指根部的陷凹處

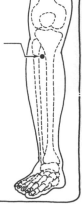

足三里：膝下骨突起處下方3指幅寬（食指、中指與無名指）的穴道

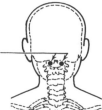

天柱：後脖頸正中央陷凹處的兩外側

【注】mmHg是指血壓將水銀柱往上推的高度，是測量血壓的單位。

各種症狀的對策　**與低血壓好好相處的方法**

★低血壓是屬於何種狀態？

收縮壓在100mmHg以下時，即稱爲低血壓。

因爲荷爾蒙異常等原因而引起的低血壓，稱爲**症候性低血壓**。這時必須要接受醫師的診斷，治療原因疾病。

不過，低血壓大多是原因不明的**本態性低血壓**（原發性低血壓），不需要特別的治療。

★本態性低血壓的特徵

與高血壓不同，本態性低血壓不容易引起腦中風等，反而比較容易長壽。

但是大多會產生肩膀酸痛、疲勞感等不適之感。此外，早上起床時還會覺得很不舒服，生活不規律等。

生活上的注意事項

要擁有「並不是生病了」的自覺

（本態性）低血壓的人，不容易引起動脈硬化，較容易長壽。

生活要規律正常，飲食要營養均衡！！

低血壓的人容易形成「晚睡晚起」的生活形態。要養成早睡早起的習慣，攝取營養均衡的飲食，創造體力。

對於（本態性）低血壓所引起的不適感有效的穴道

【刺激（揉捏、指壓、加熱）的穴道】

在此介紹可以治療低血壓的人不適感的穴道。關於各症狀的詳情，請參照（）內的頁數。

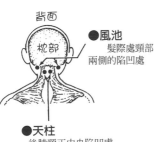

肩膀酸痛（參照64頁）

背面

枕部

●**風池**
髮際處頸部兩側的陷凹處

●**天柱**
後脖頸正中央陷凹處兩外側（也具有鎮靜焦躁的效果）

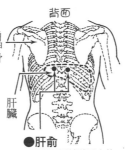

焦躁（參照90頁）

背面

肩胛骨

肝臟

●**肝俞**
肩胛骨下端稍下方的線條上，距離背骨2指幅寬（食指與中指）的外側點

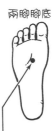

疲勞感＝身體的倦感
（參照91頁）

兩腳腳底

●**湧泉**
腳趾朝內側彎曲時，在腳底形成的陷凹處

各種症狀的對策　**緩和神經痛的方法**

★各種神經痛

❶**三叉神經痛**：在顏面沿著知覺神經而引起的疼痛。中年以後的婦女較容易出現。

❷**肋間神經痛**：從背部到胸部沿著肋間神經出現疼痛的神經痛。

❸**坐骨神經痛**：臀部、大腿和小腿肚內側的疼痛。

不管是哪一種情況都要靜養，同時並刺激下述的穴道。

5 各種症狀的對策

對於神經痛有效的穴道

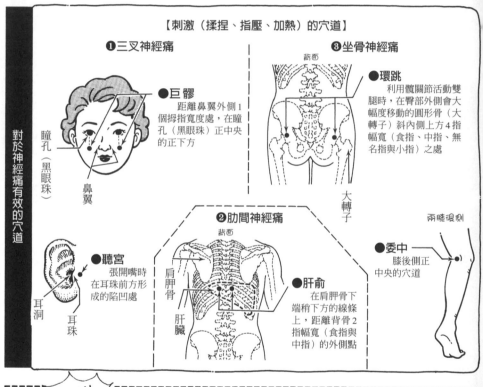

【刺激（揉捏、指壓、加熱）的穴道】

❶三叉神經痛

●巨髎
距離鼻翼外側1個拇指寬度處，在瞳孔（黑眼珠）正中央的正下方

瞳孔（黑眼珠）
鼻翼

●聽宮
張開嘴時在耳珠前方形成的陷凹處

耳洞
耳珠

❷肋間神經痛
背面

肩胛骨
肝臟

●肝俞
在肩胛骨下端稍下方的線條上，距離背骨2指幅寬（食指與中指）的外側點

❸坐骨神經痛
背面

●環跳
利用髖關節活動雙腿時，在臀部外側會大幅度移動的圓形骨（大轉子）斜內側上方4指幅寬（食指、中指、無名指與小指）之處

大轉子

兩膝後側

●委中
膝後側正中央的穴道

注意!!

神經痛不可以和其他疾病混為一談!!

神經痛可能因為各種疾病而引起。

自己處理而無法好轉時，要立刻接受醫師的檢查。

有時候也可能因為肺癌或狹心症而引起疼痛，但卻被視為肋間神經痛，待發現時卻為時已晚。

各種症狀的對策　夜尿症擊退法

★夜尿的原因

腎臟製造出來的尿，會暫時積存在膀胱。尿積存到一定以上的量（成人為400ml），會藉著自律神經的作用而產生「尿意」，然後排尿。

但是小孩自律神經的功能還不發達，無法好好的控制，因此會出現夜尿的現象或是漏尿。

★夜尿症的對策

經過一段時間，在成長之後，夜尿症幾乎就會自然消失。

如果在這個時候嚴厲責罵，小孩會產生自卑感，結果就更難治好這個症狀了。

但是過了5歲之後仍然經常尿床的話，則可能是泌尿器官有異常，一定要接受醫師的檢查。

生活上的注意事項

睡前少喝水

白天充分攝取水分，睡前盡量少喝水。而且睡前要上廁所。

半夜叫醒他，帶他去上廁所

觀察小孩的情況，在小孩還沒有尿床之前叫醒他，帶他去上廁所，也很有效。

對於夜尿症有效的穴道

【刺激（揉捏、指壓、加熱）的穴道】

【注意】對於兒童進行穴道刺激時，太強烈的刺激會使其疲勞，對身體不好，所以只能夠溫柔的刺激。

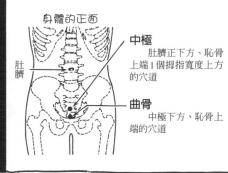

身體的正面

肚臍

中極
肚臍正下方、恥骨上端1個拇指寬度上方的穴道

曲骨
中極下方、恥骨上端的穴道

背面

骶骨

腎俞
軀幹最細的地方，距離背骨2指幅寬（食指與中指）的外側處

膀胱俞
腎俞正下方從骶骨上方算來第2塊骨的位置

＊＊＊症狀指南＊＊＊

以下所列舉的症狀對策，請參照各頁的詳細說明。

❺各種症狀的對策

睡不著（失眠症）

第6章（100～109頁）

1隻羊…2隻羊…3隻羊…

肥胖與消瘦

第8章（119～122頁）

老化現象

第7章（112～115頁）

動作敏捷 　　？　　老態龍鐘

睡眠與健康

【基本知識】 何謂睡眠？

在人的一生當中，睡眠大約占了3分之1的時間。

睡眠是一種「喪失意識狀態」，但是和麻醉或昏睡不同，只要受到刺激，隨時都可以清醒。

睡眠是腦的意識減退而引起的現象，對於身體會產生以下的效果。

【睡眠所造成的效果】

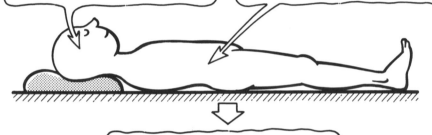

❶腦獲得休息

自律神經等、腦‧神經機能可以調整平衡。

❷使身體獲得休息

使新陳代謝順暢，骨骼、肌肉和內臟等組織再生。

身心都能夠休息，就能夠補充消耗掉的熱量，同時**儲備明天的能量**！！

神清氣爽!!

【參考】每天需要睡幾小時？

每個年齡層的平均睡眠時間如右表所示，大致上這種睡眠時間就夠了。

但是睡眠的深度（品質）也要列入考慮當中，到底要睡幾個小時比較好，是不能夠一概而論的。

（關於睡眠的品質，請參照次頁）

年齡	平均睡眠時間
嬰兒（出生後1～2週）	約20小時
幼兒（學齡前兒童）	11～13小時
兒童	約10小時
成人	7～8小時
老人（65歲以上）	5～7小時

❻
睡眠與健康

何謂睡眠的「品質」？

觀察睡眠中的人，會發現其睡眠有2種形態。

速波（REM）睡眠

肌肉放鬆，但是腦會旺盛活動的睡眠，也就是所謂「**身體的睡眠**」。

在眼瞼下，眼球迅速移動（Rapid Eye Movement），因此稱為REM睡眠，這個時候會作夢。

慢波（non-REM）睡眠

REM睡眠以外的睡眠，就稱為慢波睡眠，是腦獲得休息的正統睡眠，也就是「腦的睡眠」。

比起速波睡眠而言，能夠得到更**深沈的睡眠**，占據了大半的睡眠時間，血壓、脈搏跳動、呼吸次數等自律機能穩定，體溫比較低。

在睡眠中，上述的速波睡眠與慢波睡眠會按照以下的方式交互出現。

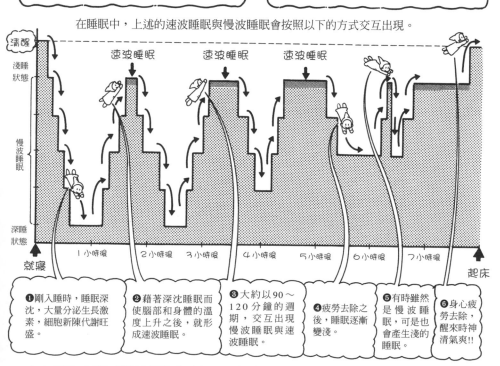

❶剛入睡時，睡眠深沈，大量分泌生長激素，細胞新陳代謝旺盛。

❷藉著深沈睡眠而使腦部和身體的溫度上升之後，就形成速波睡眠。

❸大約以90～120分鐘的週期，交互出現慢波睡眠與速波睡眠。

❹疲勞去除之後，睡眠逐漸變淺。

❺有時雖然是慢波睡眠，可是也會產生淺的睡眠。

❻身心疲勞去除，醒來時神清氣爽!!

如上所述，深眠（慢波睡眠）與淺眠（速波睡眠）均衡的交互分配，就算是「品質」良好的睡眠。

各年齡層的睡眠形態不同

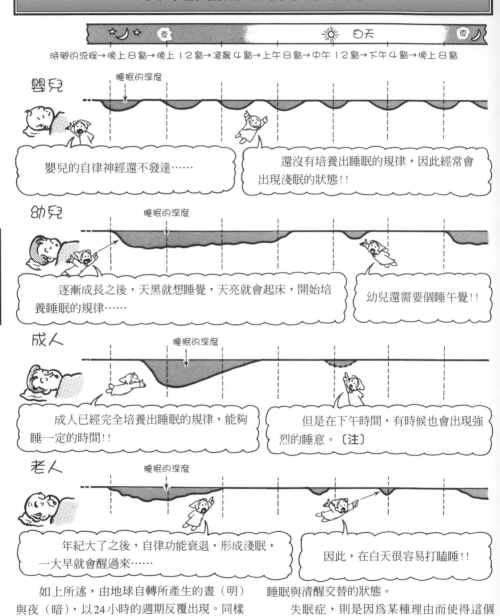

☆ ♪ ☆　夜　　　　　☀ 白天　　　夜 ♪

時間的流程→晚上８點→晚上１２點→凌晨４點→上午８點→中午１２點→下午４點→晚上８點

嬰兒　　睡眠的深度

> 嬰兒的自律神經還不發達……

> 還沒有培養出睡眠的規律，因此經常會出現淺眠的狀態！！

幼兒　　睡眠的深度

> 逐漸成長之後，天黑就想睡覺，天亮就會起床，開始培養睡眠的規律……

> 幼兒還需要個睡午覺！！

成人　　睡眠的深度

> 成人已經完全培養出睡眠的規律，能夠睡一定的時間！！

> 但是在下午時間，有時候也會出現強烈的睡意。〔注〕

老人　　睡眠的深度

> 年紀大了之後，自律功能衰退，形成淺眠，一大早就會醒過來……

> 因此，在白天很容易打瞌睡！！

如上所述，由地球自轉所產生的晝（明）與夜（暗），以24小時的週期反覆出現。同樣的，人類也大約以24小時為週期，反覆出現睡眠與清醒交替的狀態。

失眠症，則是因為某種理由而使得這個規律瓦解而造成的。

【注】因國家和地區的不同，有些地方有睡午覺的習慣。

失眠症克服法❶　日常生活的注意事項

只要在日常生活中注意以下的事項，幾乎就可以完全克服失眠症。

❶早上沐浴在陽光中！！養成早晨型的生活規律！！

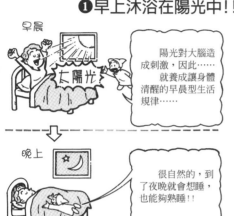

陽光對大腦造成刺激，因此……就養成讓身體清醒的早晨型生活規律……

很自然的，到了夜晚就會想睡，也能夠熟睡！！

原本人類具有在陽光升起時就會起床、到了晚上就想睡覺……這種**早晨型的生活規律**。

晚上睡不著，就是因為這個規律紊亂，體內荷爾蒙分泌等的失調所引起的。

早睡早起，沐浴在**陽光**中，呼吸早上新鮮的空氣，刺激大腦，**修正**生活的規律，成為**早晨型**。

這樣的話，到了晚上自然就會產生睡意，而且能夠順利的熟睡。

❷讓身體適度的疲勞！！

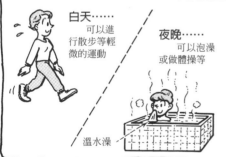

白天……
可以進行散步等輕微的運動

夜晚……
可以泡澡或做體操等

溫水澡

想要好好的睡一覺，就要讓身體擁有適度的疲勞。

白天可以進行散步等輕鬆的運動。

在就寢前做體操或泡個澡也不錯。

但是熱水澡和劇烈運動會使身體興奮，反而會更為清醒，造成反效果。

❸壓力不要帶入寢室中！！

一直想著討厭的事情或擔心的工作等，則頭腦就會太過於清醒。

對於寢室窗簾的顏色要下點工夫，使用適合身體的枕頭，營造一個能夠讓自己放輕鬆的寢室。（請參照次頁）

失眠症克服法❷　理想的寢室

因為失眠症而感到煩惱，則要注意以下事項，努力創造舒適的寢室。

❶房間的溫度要「冷熱適中」!!

	最適合的室溫	最適合的濕度
❶冬	約17～20℃	一整年大約為40～60%
❷夏	約24～26℃	
❸春·秋	介於❶與❷之間	

要得到安眠，寢室的溫度就應該保持如左表所示的舒適溫度。

此外，雖然室溫舒適，但是如果濕度不舒服，也會產生不適之感。

所以房間要充分換氣，使用空調器等來調節。

❷亮度方面以微亮的亮度較好!!

一般來說，要得到安眠，則微亮的亮度比較好。

這是我們原始的祖先，藉著月光來睡覺而留下的習慣。

❸藉著輕鬆的音樂或芬芳的香氣得到放鬆!!

香氣

想要安眠，周遭的環境當然不能太吵，但是過於安靜也不太好。

聽輕鬆的音樂，或是讓自己喜歡的香氣融入枕頭或床單中，就能得到放鬆，獲得安眠。【注】

❹寢室和寢具最好使用藍色色系

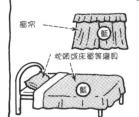

窗帘

枕頭或床單等寢具

藍色可以使神經休息，使得脈搏跳動及呼吸穩定，具有放鬆的效果。

有失眠煩惱的人，窗帘、寢具等的顏色最好是選擇藍色的系列。

要避免正藍色，選擇淡藍色或水藍色較為有效。

【注】要得到安眠，則薰衣草的香氣比較有效。

失眠症克服法❸　克服失眠症的飲食生活

★會帶來睡意的食物

❶牛奶或乳酪中所含的**色氨酸**

❷洋蔥中所含的**硝化丙烯**具有催眠效果

但是這些食物所產生的催眠效果，大多是心理因素造成的，因人而異，有時候並不見得能夠奏效。

★易於安眠的飲食生活

要得到安眠，就要注意以下的事項，讓胃休息，得到放鬆。

易於安眠的飲食生活

❶睡前不要吃東西

太飽了！太飽了！

就寢前吃東西，為了消化食物，會消化掉熱量，所以會睡不好。

最晚在睡前3小時要吃完東西。

❷睡前不要攝取咖啡因

咖啡、紅茶

綠茶

含有咖啡因的清涼飲料

咖啡或茶中所含的咖啡因具有提神作用。

有些清涼飲料或口服液也含有咖啡因，要特別注意。

❸攝取無咖啡因的溫熱飲料

蜂蜜

檸檬汁

例如：蜂蜜檸檬汁

空腹、胃中空無一物，也不容易熟睡。

這時可以攝取不含咖啡因的溫熱飲料。

【參考】酒能夠誘導睡眠嗎？

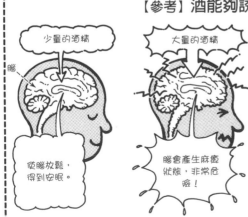

少量的酒精

腦

使腦放鬆，得到安眠。

大量的酒精

腦會產生麻痺狀態，非常危險！

少量飲酒，能夠促進血液循環，使腦放鬆，得到安眠。

但是大量喝酒則另當別論，腦會出現「麻痺狀態」，很危險。

此外，酒會養成依賴性，所以只能夠少量【注】攝取。如果還是一直失眠，就要接受醫師的檢查。

【注】具有很大的個人差異，大致標準是日本酒180cc以下、啤酒則不宜超過1大瓶。

失眠症克服法❹ 促進安眠的運動與穴道

睡不著時，可以做以下的運動，使下半身的肌肉唧筒發揮作用，促進血液循環，得到安眠。

❶腳踝後仰彎曲，反覆做這個動作。

❷腿交疊，利用在上方的腿的膝內側和小腿肚敲打在下方的腿的膝蓋。

敲打

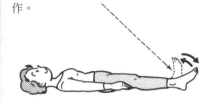

【刺激（揉捏、指壓、加熱）的穴道】

背面

枕部

●天柱：後脖頸正中央陷凹處兩側的穴道

●百會：在頭頂最高處的穴道

兩腳

●足三里：膝下距離骨突起處3指幅寬（食指、中指與無名指）下方的穴道

兩手

●勞宮：手握拳時，在無名指前端的點

兩腳腳底

●失眠：腳底腳跟正中間的穴道

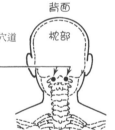

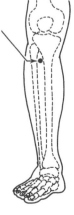

【參考】 何謂安眠藥？

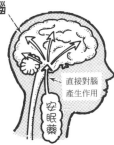

腦

直接對腦
產生作用

安
眠
藥

　　腦具有阻止有害物質進入血管到腦組織的「血液腦關卡」這個防衛系統。

　　但是安眠藥會通過這個防衛系統，直接對腦（尤其是大腦或腦幹的一部分）產生作用，抑制其功能而得到睡眠。

　　安眠藥大致可分爲以下2種。

	藥物特徵	副作用	脫癮症狀
巴比妥系列安眠藥	對於腦幹和大腦皮質產生強烈作用，具有**強烈催眠效果**。 　　對失眠有效，也有鎮定不安的效果，被當成精神病的治療藥來使用。	**發疹、頭痛、頭重、噁心**等。 　　長期服用，可能會失去效果，服用量必須要不斷的增加。	中毒性較高，突然停止服用，會**失眠**或作惡夢，產生**身體發抖、不安感**、**脫力感**等痛苦。
非巴比妥系列安眠藥	能夠使自律神經安定，放鬆身體的緊張，是一種抗不安的藥物。 　　比起巴比妥系列的藥物來說，催眠效果較弱，但是能夠得到接近**自然的睡眠**。	與巴比妥系列藥物相比，不容易產生副作用。 　　如果遵守**醫師的指導**來服用，可以算是**比較安全的安眠藥**。 　　（但是隨意使用，也會出現與巴比妥系列藥物同樣的副作用。）	

> 巴比妥系列的安眠藥，危險性非常高，最近已經很少使用了。

> 現在以比較安全的非巴比妥系列安眠藥爲主流！

注意!!

安眠藥僅止於暫時使用!!

　　即使是「安全的安眠藥」，但是畢竟是異物。

　　安眠藥只能夠對於短時間暫時的失眠症有效，如果是慢性的失眠症，則會產生藥物依賴的危險性。

　　要克服失眠症，不要輕易的依賴藥物，應該要改變生活習慣，重新評估整個生活。

【參考知識・❶】 **藥物具有哪些種類？**

經口投與藥

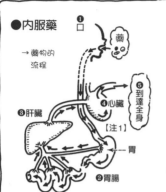

●內服藥

→藥物的流程

❸肝臟

❹心臟
【注1】

❺到達全身

胃

❷胃腸

小腸

最安全簡便的藥物，為藥物的主流。

如左圖所示，❶經口服用，❷經過**胃腸**吸收之後，❸在**肝臟**分解，❹送到**心臟**。

由心臟通過動脈，❺藥物可以送到**全身**。

像**散劑或顆粒劑**等藥粉，易於服用，而且能夠迅速吸收。

膠囊劑或錠劑當中，有些藥物事先經過處理，在胃腸或肝臟不容易被分解掉，可以防止損傷藥效，直接服用。

●舌下錠

舌

舌下錠

有些藥物如果在肝臟被分解掉，可能會損害藥效，這時就要直接含在舌下，經由黏膜吸收，稱為**舌下錠**（硝化甘油錠等）。

外用藥

●**貼藥・軟膏**：透過皮膚吸收藥物成分。

●**塞劑**：插入大腸或陰道，由黏膜直接吸收藥物成分。【注2】

此外，還有**點眼藥、點鼻藥、漱口藥或噴霧劑**等等。

此外，還有注射的方法，不過原則上是由醫師或護士進行，患者不會自行注射（糖尿病患者的胰島素注射除外）。

【參考】藥物種類與出現效果方式的關係

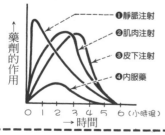

藥劑的作用 ↑

❶靜脈注射
❷肌肉注射
❸皮下注射
❹內服藥

0 1 2 3 4 5 6 （小時後）
→ 時間

如左圖所示，藥物依投與方法的不同，出現效果的方式也不同。

與其他投與方法相比較，內服藥會先經由胃腸或肝臟，到達目的器官，要花較長的時間，所以特徵是效果出現得比較緩慢。

【注1】實際上是由心臟經過肺之後再回到心臟，然後再運送到全身，不過在此省略不提。

【注2】也有利用灌腸藥劑由大腸黏膜吸收的方法。

【參考知識・❷】　醫院所開的藥物

調查醫院所開的藥物的效能，就可以知道患者的病情以及到底是開哪些藥物。

【藥物的調查方法】

❶錠劑・膠囊劑

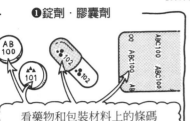

看藥物和包裝材料上的條碼

❷藥粉（散劑・顆粒劑）

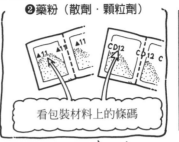

看包裝材料上的條碼

沒有條碼時

如果醫院調合的藥物沒有條碼，可以直接詢問醫院。

在藥物或包裝材料的條碼中，標誌表示製藥公司，英文字母及數字則表示藥物的分類。

在書店可以買到查詢條碼所指的藥物名稱及其效能的書。

注意!!

要知道處方有哪些藥物，最好的方法就是直接**詢問醫師**。【注】

如果不了解，就要仔細詢問，要與醫師及藥劑師建立良好的信賴關係。

這個藥是……

【例】
這是表示製造這個藥物的公司的標誌

藥物的分類記號、數字

【注】最近國內也進行醫藥分業，將醫師的處方箋拿到藥局去，由藥劑師調劑，所以也可以詢問藥劑師關於藥物的作用以及效能等等。

【參考知識・❸】　藥物的服用時間【注1】

藥物依特徵的不同，服用時間也各有不同。

❶飯前：飯前30分鐘服用。

胃中有食物進入時，可能會損傷藥物的效力，或是要增進食慾的藥物等，要在這個時間服用。

❷飯後：飯後30分鐘服用的藥物。在空腹時服用可能會引起胃腸障礙的藥物，要在這個時間服用。

此外，為了防止忘記服用藥物，有時也會指定飯後再服用。

❸兩餐之間：在兩餐之間，也就是飯後2～3小時再服用。並沒有在用餐時服用的藥物。〔注2〕

❹其他：像解熱鎮痛劑等，只有在症狀強烈時服用。（頓服藥）

【注1】關於藥物的詳細情況，請參照本出版社發行的《〔完全圖解〕了解我們的身體　〈看護篇〉》一書。

【注2】中藥大多是採用這樣的服用方式。

第 7 章

老化的構造

何謂老化？

我們的身體是由無數個細胞構成的。
從出生開始，細胞就不斷的反覆分裂。

這就是「新陳代謝」，細胞會經常更新。

【人的一生與「細胞」的關係】

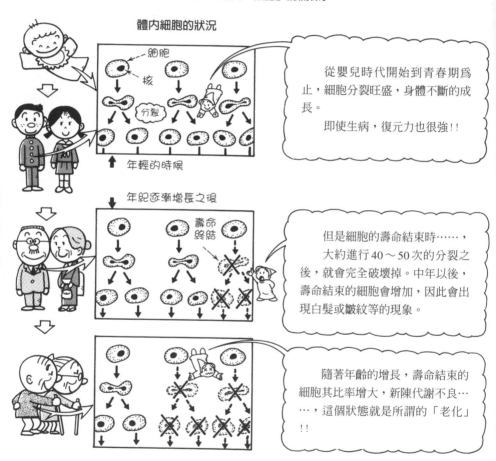

體內細胞的狀況

細胞
核
分裂
年輕的時候

從嬰兒時代開始到青春期為止，細胞分裂旺盛，身體不斷的成長。
即使生病，復元力也很強!!

年紀逐漸增長之後

壽命終結

但是細胞的壽命結束時……，
大約進行 40～50 次的分裂之後，就會完全破壞掉。中年以後，壽命結束的細胞會增加，因此會出現白髮或皺紋等的現象。

隨著年齡的增長，壽命結束的細胞其比率增大，新陳代謝不良……，這個狀態就是所謂的「老化」!!

「老化」就是身體細胞的新陳代謝不良所造成的。

細胞的新陳代謝具有個人差異，即使年齡相同，但是代謝好的人看起來比較年輕，代謝不良的人看起來則呈現老態。

年齡與身體諸功能的關係

老化速度因人而異,而每一個人本身也有比較容易衰老或持久的功能。

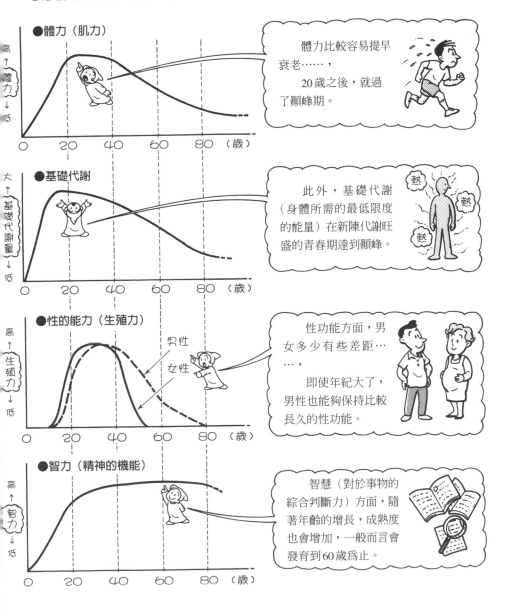

●體力(肌力)

體力比較容易提早衰老……,

20歲之後,就過了顛峰期。

●基礎代謝

此外,基礎代謝(身體所需的最低限度的能量)在新陳代謝旺盛的青春期達到顛峰。

●性的能力(生殖力)

男性
女性

性功能方面,男女多少有些差距……,

即使年紀大了,男性也能夠保持比較長久的性功能。

●智力(精神的機能)

智慧(對於事物的綜合判斷力)方面,隨著年齡的增長,成熟度也會增加,一般而言會發育到60歲為止。

促進老化的「壞蛋」

★人的壽命到底有幾歲？

如果攝取營養均衡的飲食，吃八分飽，適度運動，則人應該都可以活到120歲。

但是由於各種因素，人體的細胞會受損而造成老化。因此大部分的人都無法享有這種「天壽」。

★損傷細胞的壞蛋

對細胞而言，最大的敵人就是活性氧。

活性氧是由氧的一部分變化而來的，會損傷細胞的基因，成為老化的最大原因。

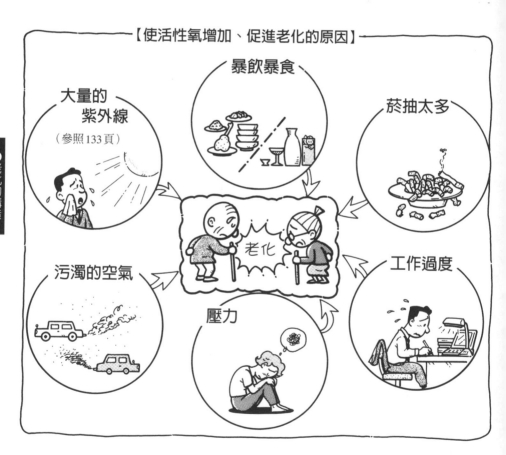

【使活性氧增加、促進老化的原因】

大量的紫外線（參照133頁）

暴飲暴食

菸抽太多

污濁的空氣

老化

壓力

工作過度

要防止老化，必須努力防止上述的原因，同時要參考次頁所列舉的注意事項。

保持青春的祕訣

★是否有「恢復青春妙藥」？

春天一到，嫩葉發芽，迎向新綠時節，繼而花朵盛開。

然後花落，果實成熟，掉了下來，而葉子也紅了，飄落一地。

人的一生也是如此。不論是誰都會老、都會迎向死亡。

為了逃離老化的命運，像枸杞子或蜂王漿等各種自古流傳下來的「恢復青春妙藥」，即

倍受重視。

但是這些只是含有很多的維他命和礦物質，世上並沒有「只要吃了這個就一定能夠恢復青春」的物質成分。

★過著健康老人生活的祕訣

要使身體變得更年輕是不可能的，但是只要注意以下事項，就能夠使得**生物學上的年齡保持年輕**。

保持健康「年輕」的祕訣

其1・攝取營養均衡的飲食

要保持年輕，應該攝取含有優質蛋白質、豐富的維他命與礦物質，以及適度的碳水化合物與脂肪的營養均衡飲食。

尤其像蛋、牛奶和魚等**優質蛋白質、蔬菜及水果**，都要積極的攝取。

其2・吃八分飽

年紀愈大，基礎代謝愈少，所以**吃得太多就會導致肥胖**。

肥胖會成為高血壓症或糖尿病等生活習慣病的原因，所以營養均衡的飲食只能吃八分飽。

其3・適度的運動

習慣性的**運動能夠使新陳代謝順暢**，具有保持年輕的效果。劇烈的運動會損害腰部，有害身體，因此可以做散步等輕鬆的運動。

【參考】老化與菸酒的關係

適量飲酒，能夠促進血液循環，具有消除疲勞的效果。

不少健康長壽的人都懂得適度飲酒。

酒喝太多會成為損害身體的原因，所

以千萬不要喝太多。【注1】

此外，菸會使新陳代謝惡化，要努力戒菸，少抽一點。【注2】

【注1】雖然因人而異，但是適當的飲酒量為1天日本酒180cc以下，啤酒1大瓶以下。

【注2】菸1天只能抽10根以下。

第 8 章

肥胖與消瘦

為什麼會「發胖」？為什麼會「消瘦」？

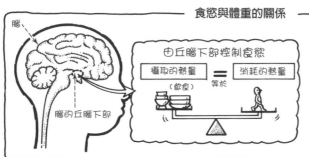

食慾與體重的關係

如果身體健康，則腦的丘腦下部的攝食中樞就能夠控制食慾。

因此，會估計消耗的熱量來攝取適當的熱量，藉以保持一定的體重。

因為壓力或疾病等某種原因，丘腦下部功能產生毛病時，無法巧妙的控制食慾，就會出現以下的情況。

所以「肥胖・消瘦」是因為**攝取熱量與消耗熱量的收支不平衡**而造成的。

【參考】一般而言，標準體重是以〔身高（cm）－100〕×0.9（kg）的公式來求得。

超過標準體重2成以上，就是太胖。相反的，如果**少於2成以上，就是太瘦**。

「不好的」肥胖和「好的」肥胖

肥胖，是指體內積存太多脂肪的狀態。肥胖的人，依脂肪多半積存在身體的哪一個部位而區分為「不好的肥胖」和好的肥胖。

【不好的肥胖】
蘋果型（上半身型）肥胖

即使手腳較細，但是腹部突出如蘋果，就稱為**蘋果型肥胖**。

腹部積存脂肪。

蘋果

這一型的肥胖，在腹部也就是**內臟周圍積存脂肪**。

內臟脂肪是引起動脈硬化、高血壓或糖尿病等**生活習慣病（成人病）**的元兇。

不光是外表上看起來很胖的人，就算是看起來不是很胖，但是如果肚子突出，就要進行減少內臟脂肪的腹肌運動，重新評估飲食生活。

【好的肥胖】
洋梨型（下半身型）肥胖

另一方面，臀部和大腿有脂肪附著的情形，稱為**洋梨型肥胖**。

中年女性的肥胖多半都是屬於這一型。

洋梨

這一型的肥胖，是**皮下脂肪積存**而造成的。

皮下脂肪與內臟脂肪不同，並不會危害身體。

雖然肥胖，但是做生活習慣病的檢查並無異常，**反而能夠健康長壽**，就是屬於這一型的肥胖者。

女性因為荷爾蒙的關係，在臀部和大腿都比較容易有脂肪堆積附著。

【參考】分辨「不好的」肥胖的方法

只要按照以下的方式調查腰圍和臀圍的比例，就可以了解肥胖的形態。肥滿的人，

〔腰圍〕÷〔臀圍〕＝0.7以上

這種情況就是屬於蘋果型肥胖（不良肥胖），必須要注意。

尤其男性如果在1.0以上、女性在0.85以上，則得心臟病的危險性都會增加，必須努力減肥。

腰圍

臀圍

理想的減肥法

要避免憔悴、不健康的減肥。想要健康的減肥，就要注意以下2點，除此以外別無他法。

❶攝取營養均衡的飲食!!

下!! 不好的飲食例

鹹的菜
大量主食（飯等碳水化合物）
油膩的菜
醬菜
油炸物

好!! 好的飲食例

營養均衡的菜
適量的主食
湯類
魚或肉等的蛋白質
蔬菜

攝取過多的碳水化合物（飯、麵包等主食）或脂肪，會成為肥胖的原因。

肥胖的人喜歡攝取大量的碳水化合物、油膩的食物或鹹的食物，不喜歡吃蔬菜。

想要健康瘦下來的人，一餐只能吃一碗飯〔注1〕，而且要攝取優質蛋白質以及豐富的蔬菜，減少鹽分和油分的攝取量。

此外，要吃**八分飽**，1天3餐要正常的吃。

做體操　　走路

❷適度的運動!!

要健康的瘦下來，除了注意飲食之外，還要多做運動。

運動能夠使身體的新陳代謝順暢，去除贅肉。

沒有時間運動的人，儘量不要乘坐升降梯或交通工具，多走走路比較好。

【參考】 減肥藥和減肥食品

最近市面上銷售標榜「只要吃了它就能夠瘦下來」的各種減肥藥和減肥食品。

但是想要健康的瘦下來，除了注意飲食、適度的運動之外，沒有其他的方法。事實上並不存在著能夠讓你瘦下來的「魔法藥」（食物）。

此外，用抽脂等外科方法去除脂肪，則在動手術時可能會損傷血管或神經。〔注2〕

【注1】如果是麵包，則切成6片的土司麵包1片，如果是麵類，則1人份的5～8成是適當的攝取量。

【注2】興奮劑等麻藥或某種荷爾蒙劑能夠讓體重減輕，但是這同時也會讓身體遭到破壞，是屬於相當危險的狀態。

❽ 肥胖與消瘦

消除過度肥胖的祕訣

要消除過度肥胖，除了注意前頁所介紹的飲食及適度運動之外，同時也可以進行穴道刺激。

對於肥胖有效的穴道

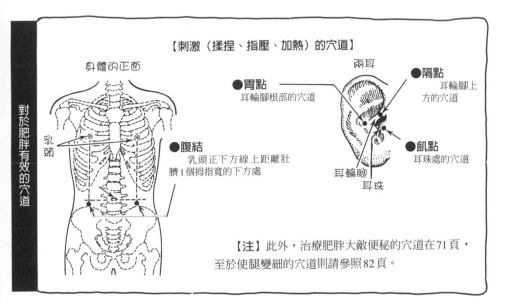

【刺激（揉捏、指壓、加熱）的穴道】

身體的正面

兩耳

●胃點
耳輪腳根部的穴道

●隔點
耳輪腳上
方的穴道

乳頭

●腹結
乳頭正下方線上距離肚
臍1個拇指寬的下方處

●飢點
耳珠處的穴道

耳輪腳

耳珠

【注】此外，治療肥胖大敵便秘的穴道在71頁，
至於使腿變細的穴道則請參照82頁。

菸與肥胖的關係

★戒菸就會發胖嗎？

戒菸之後嘴巴會想吃東西，因此會吃很多的零嘴。

但是這只是暫時的現象。戒菸、攝取營養均衡的飲食、適度
運動，就能夠使新陳代謝順暢，消除肥胖。

★老菸槍大多是肥胖者嗎？

1天抽40根以上香菸的人，無法自我管理，容易吃喝過度，
因此大多是肥胖者。

換言之，**菸無法幫助您防止肥胖，缺點反而比較多**，所以要
努力戒菸、少抽菸（1天10根以下）。

要防止肥胖，就要
努力戒菸、少抽菸！！

※參考　關於酒和肥胖的關係，請看142頁的詳細介紹。

解決過瘦問題的方法

★增加攝取的熱量!!

攝取的熱量,是指在體內被消化吸收的熱量。

因此胃腸較弱、無法順暢消化吸收的人,

即使攝取了足夠量的飲食,但是仍然很瘦。

有過瘦煩惱的人,大多有胃弱的現象。

這時要充分攝取營養,使得胃腸功能能夠順暢。

防止過瘦的飲食

❶吃東西時要充分咀嚼

充分咀嚼,唾液分泌旺盛,較容易幫助消化。

此外,也能使胃腸功能更為順暢。

❷攝取營養價較高、容易消化的食物

乳製品、蛋、魚、瘦肉等優質蛋白質的營養價較高,能夠培養體力,因此要積極的攝取。

但是要注意油脂和調味料不要使用過多。調理成比較軟的食物,如此就不會增加胃的負擔。

此外,還要攝取富含維他命和礦物質的各種蔬菜、水果。

主食則要選則柔軟的飯以及土司麵包、烏龍麵等容易消化的食物。

穴道

※能夠使胃腸功能順暢的穴道,請參照75頁的內文。

【參考】 容易消化的食物和不容易消化的食物

消化時間	飲料性食品	植物性食品	動物性食品
❶數分鐘～2小時	水、茶、砂糖水、果汁等	蘋果、葡萄、橘子等	半熟蛋、魚湯等
❷2～3小時	日本酒、啤酒、咖啡等	白蘿蔔、胡蘿蔔、蕪菁、菠菜、牛蒡、馬鈴薯、桃子、西瓜、米飯、烏龍麵、蕎麥麵、豆腐等	雞湯、牛奶、脂肪較少的魚、長條形蛋糕、冰淇淋、優格等
❸3～4小時		甘藷、竹筍、大豆、蒟蒻等	油脂較多的魚、瘦肉、煮熟的蛋、炒蛋
❹4小時以上		炸蔬菜	油脂較多的肉、鰻魚等

容易↑消化↓不易

※注 消化時間是指停留在胃內的時間。

【參考】 最近成為問題的神經性食慾不振症,也會造成體重顯著減少。

第 9 章

健康與水的關係

1天當中在體內進出的水

水占人體的6成以上，是重要的成分，負責營養物的搬運以及老廢物的排出等。

大約有50%的水存在於細胞內，20%存在於組織中，其他則存在血液中。

體內水分太少，就會覺得口渴而想攝取水分，太多則尿量增加，因此水分的出入量大致相同。

水的「出納」

進入體內的水有以下3種：

❶ 水、茶或湯類等**飲水**的水分。

❷ 飯、麵包、蔬菜以及其他配菜等**食物中所含**的水分。

❸ 食物中的碳水化合物、脂肪、蛋白質氧化【注】時所產生的**代謝水**。

從體內排出的水有以下3種：

❶ 呼氣中的水蒸氣或體溫調節時由皮膚蒸發的水分（兩者合稱爲**不顯汗**）。

❷ 成爲**尿**排出的水分。

❸ 摻雜在**糞便**當中排出的水分。

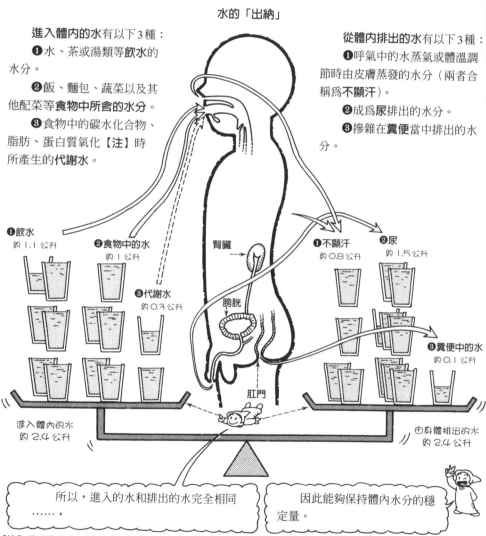

❶飲水
約1.1公升

❷食物中的水
約1公升

腎臟

❸代謝水
約0.3公升

膀胱

肛門

❶不顯汗
約0.8公升

❷尿
約1.5公升

❸糞便中的水
約0.1公升

進入體內的水
約2.4公升

由身體排出的水
約2.4公升

所以，進入的水和排出的水完全相同……，

因此能夠保持體內水分的穩定量。

【注】碳水化合物、脂肪、蛋白質等的營養，在體內和呼氣中的氧結合（氧化），產生熱量時所生成的水，稱爲代謝水。

❾ 健康與水的關係

一大早起來喝的水是健康的根源

人在晚上睡覺時，大約會流失1杯量的汗水。

❶起床

毛細血管放大圖

匹匹球

緊緊縮縮！！！！

但是在睡覺時不能夠補充水分，所以……，
早上起床時，血液濃縮之後就不容易流動。

❷攝取水分

水分

食道

門脈

胃

早上起床時的血液水分比較少……，
在這種狀態下，早上做運動，可能會導致血管阻塞，有引起腦中風等的危險性……，

所以起床之後先喝一杯水或茶，就可以補充水分……，

在幾分鐘內胃吸收水分之後……，
進入門脈、血管，送入肝臟……，

肝臟

幾分鐘之後……

一個晚上所積存的血液中的老廢物（乳酸等）在肝臟解毒，送到心臟……，

肺

心臟

但是攝取水分幾分鐘之後，血液則變得很清爽……，
血管就不容易阻塞了！

經由心臟再送到肺，然後再回到心臟……，
由心臟送到全身的血液變得清爽，血液循環十分順暢！！

❸使血液循環順暢

毛細血管的放大圖

順順暢暢！！

攝取水分之後，再做輕鬆的運動，就能使得血液循環順暢，提高新陳代謝，增進健康。

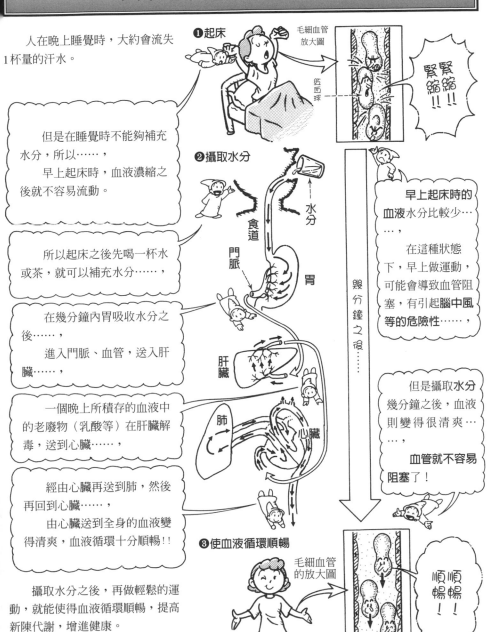

水可以滋潤肌膚

具有彈性、滋潤的肌膚，是美麗的基本。

就算是昂貴的化粧品，也比不上自然肌膚美麗。

而肌膚之美，是由肌膚所具有的水量來決定的。

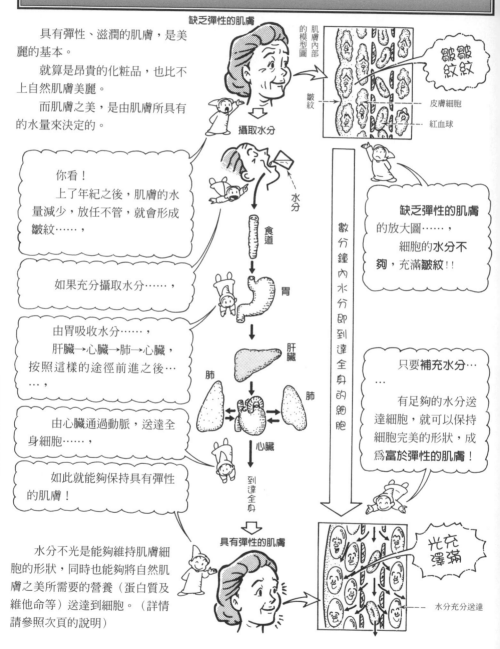

缺乏彈性的肌膚

肌膚內部的模型圖

皺皺紋紋

皺紋

皮膚細胞

紅血球

攝取水分

水分

食道

胃

肝臟

肺

肺

心臟

到達全身

具有彈性的肌膚

幾分鐘內水分即到達全身的細胞

你看！
上了年紀之後，肌膚的水量減少，放任不管，就會形成皺紋……，

如果充分攝取水分……，

由胃吸收水分……，
肝臟→心臟→肺→心臟，按照這樣的途徑前進之後……，

由心臟通過動脈，送達全身細胞……，

如此就能夠保持具有彈性的肌膚！

缺乏彈性的肌膚的放大圖……，
細胞的**水分不夠**，充滿**皺紋**!!

只要**補充水分**……

有足夠的水分送達細胞，就可以保持細胞完美的形狀，成為**富於彈性的肌膚**！

光充澤滿

水分充分送達

水分不光是能夠維持肌膚細胞的形狀，同時也能夠將自然肌膚之美所需要的營養（蛋白質及維他命等）送達到細胞。（詳情請參照次頁的說明）

水是保持青春的泉源：養分的搬運和老廢物的去除

身體細胞藉著吸收養分而更新，同時排出老廢物，反覆**新陳代謝**。

體內的水分，能夠使新陳代謝順暢的進行，具有非常重要的作用。

攝取足夠的水分，水分立刻通過食道……，

幾分鐘之後，由胃吸收……，

經由肝臟→心臟→肺→心臟的途徑……，

然後由心臟通過動脈，送達全身細胞……，

給予各個細胞新陳代謝所需的養分……，

同時接受老廢物……，

再回到心臟，然後送到腎臟……，

當老廢物溶入尿中……，

排出尿之後，老廢物也能夠一併排出體外！！

換言之，水分能夠促進新陳代謝，保持青春。

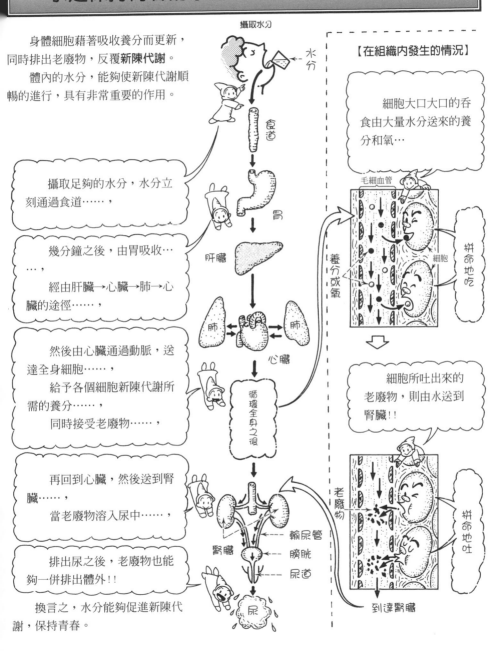

攝取水分

水分

食道

胃

肝臟

肺　心臟　肺

循環全身之後

腎臟　輸尿管　膀胱　尿道

尿

【在組織內發生的情況】

細胞大口大口的吞食由大量水分送來的養分和氧…

毛細血管　養分或氧　細胞　拼命地吃

細胞所吐出來的老廢物，則由水送到腎臟！！

老廢物　拼命地吐

到達腎臟

物質在水內溶解時，水具有活躍的作用!!

礦物質等養分，如果維持原來的大小會太大，無法到達身體各處的細胞中。

為了使養分能夠發揮作用，必須如下圖所示，由「水」發揮功能。

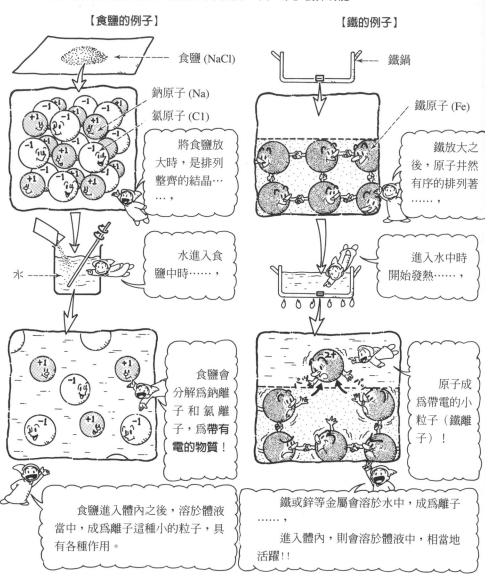

【食鹽的例子】

食鹽 (NaCl)

鈉原子 (Na)

氯原子 (Cl)

將食鹽放大時，是排列整齊的結晶……，

水

水進入食鹽中時……，

食鹽會分解為鈉離子和氯離子，為帶有電的物質!

食鹽進入體內之後，溶於體液當中，成為離子這種小的粒子，具有各種作用。

【鐵的例子】

鐵鍋

鐵原子 (Fe)

鐵放大之後，原子井然有序的排列著……，

進入水中時開始發熱……，

原子成為帶電的小粒子（鐵離子）!

鐵或鋅等金屬會溶於水中，成為離子……，

進入體內，則會溶於體液中，相當地活躍!!

水的「溫度調節機能」

【熱的時候】

在夏季豔陽天下的高溫處，爲了避免熱積存在體內，會按照以下的方式散發體熱。

> 熱的時候……，皮膚不會收縮，而會按照這樣的方式張開……

在皮膚的表面……

汗腺
毛
立毛肌
毛細孔

> 汗奪走蒸發熱……
> 熱從張開的毛細孔逃散！！

熱在汽化時，每公克會奪走585小卡的熱量，因此流汗有助於散發體熱。

【冷的時候】

冬季在戶外等寒冷的場所時，爲了避免身體的熱被奪走，會按照以下的方式抑制體熱的散發。

> 寒冷時……，縮小姿勢，抑制熱的散發，藉著發抖等產生熱……

在皮膚的表面…

> 汗腺和毛細孔都緊閉……
> 這樣熱才不會逃散哦！！

要使水結凍，1公克需要80小卡的熱量，而人體中含有大量的水分，能夠保護人體免於凍結。

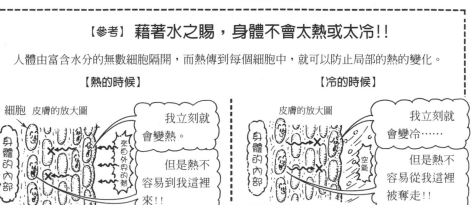

【參考】 藉著水之賜，身體不會太熱或太冷！！

人體由富含水分的無數細胞隔開，而熱傳到每個細胞中，就可以防止局部的熱的變化。

【熱的時候】

細胞 皮膚的放大圖

身體的內部

來自外界的熱

> 我立刻就會變熱。
> 但是熱不容易到我這裡來！！

【冷的時候】

皮膚的放大圖

身體的內部

空氣

> 我立刻就會變冷……
> 但是熱不容易從我這裡被奪走！！

水可以防止「人體過熱」

體溫的發生!!

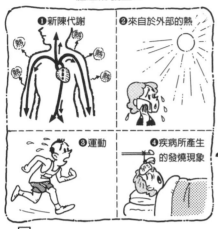

我們的體溫來自於
❶新陳代謝所產生的熱
❷太陽熱等由外部發生的熱
❸藉著運動由肌肉所產生的熱
❹疾病等所產生的熱
如果體溫超過45度，就會危及生命。

雖然會產生熱，但是另一方面……，如果產生熱，體溫上升，就會形成過熱的現象……。

但是因為在體內有大量的「水」，所以能夠防止過熱！

（占體內的60%）**水的特性**

❶比熱較大…1公克的水上升1度需要1小卡的熱量

溫度不容易上升

體重60公斤的人，體內的水分約40公斤，所以體溫要上升1度的話……需要40,000小卡的熱量!!

加上 **+**

❷蒸發熱較大…1公克的水蒸發，會奪走585小卡的熱。

使溫度散發

如果流失1杯量的汗，則……會散發11,7000小卡的龐大熱量!!

等於 **=**

保持適當的體溫

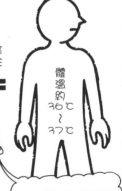

體溫約36℃～37℃

為了避免引起脫水症狀，要充分補充因為流汗而失去的水分哦!!

❾健康與水的關係

【基礎知識】 何謂紫外線？

從太陽放射到地表的電磁波當中，如下圖所示，含有可見光線（眼睛可以看得到的光）以及眼睛看不到的紫外線等。

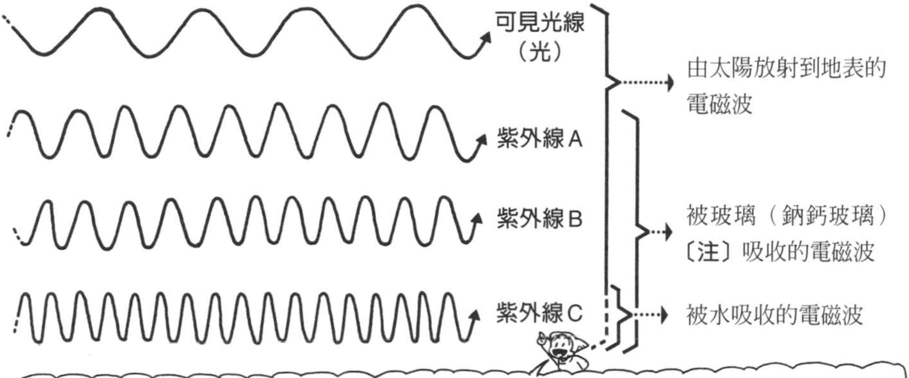

可見光線
（光）

紫外線A

紫外線B

紫外線C

由太陽放射到地表的電磁波

被玻璃（鈉鈣玻璃）〔注〕吸收的電磁波

被水吸收的電磁波

紫外線C被圍繞著地球的大氣層所吸收，不會到達地表。

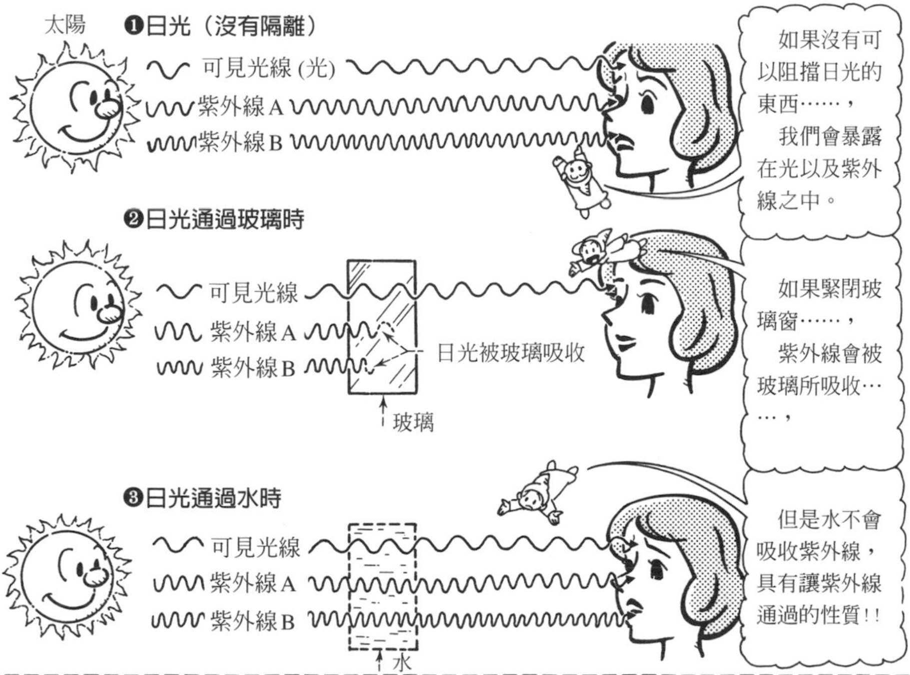

太陽

❶日光（沒有隔離）

可見光線 (光)
紫外線A
紫外線B

如果沒有可以阻擋日光的東西……，我們會暴露在光以及紫外線之中。

❷日光通過玻璃時

可見光線
紫外線A
紫外線B

日光被玻璃吸收

玻璃

如果緊閉玻璃窗……，紫外線會被玻璃所吸收……，

❸日光通過水時

可見光線
紫外線A
紫外線B

水

但是水不會吸收紫外線，具有讓紫外線通過的性質!!

【注】一般來說，玻璃窗所使用的玻璃都是鈉鈣玻璃。

水和日光可以鞏固骨骼與牙齒

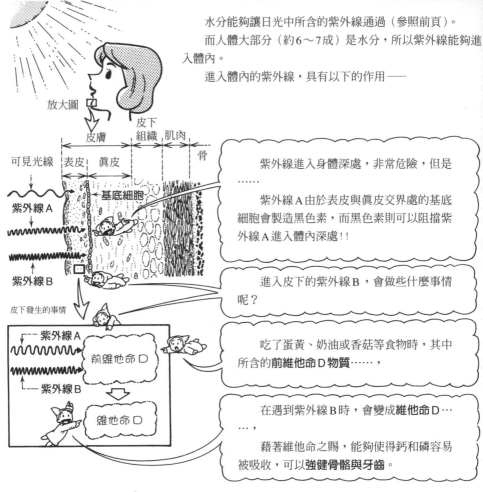

水分能夠讓日光中所含的紫外線通過（參照前頁）。

而人體大部分（約6～7成）是水分，所以紫外線能夠進入體內。

進入體內的紫外線，具有以下的作用——

紫外線進入身體深處，非常危險，但是……

紫外線A由於表皮與真皮交界處的基底細胞會製造黑色素，而黑色素則可以阻擋紫外線A進入體內深處！！

進入皮下的紫外線B，會做些什麼事情呢？

吃了蛋黃、奶油或香菇等食物時，其中所含的**前維他命D物質**……，

在遇到紫外線B時，會變成**維他命D**……，

藉著維他命之賜，能夠使得鈣和磷容易被吸收，可以**強健骨骼與牙齒**。

有時候要打開玻璃窗哦

紫外線不容易通過玻璃……，

所以不要緊閉玻璃窗，有時候也要打開窗戶，享受一下日光。

但是暴露在大量的紫外線當中有害，所以只能夠選擇日照較弱的清晨或傍晚進行日光浴。

（請參照次頁）

9 健康與水的關係

大量的紫外線會造成肌膚老化和皮膚癌

可見光線（光）
紫外線A
紫外線B

紫外線是生成維他命Ｄ所不可或缺的物質，要創造強健的身體，就一定要有紫外線。（參照前頁）

但是紫外線具有非常強大的能量，大量暴露在紫外線當中，將會引起各種毛病。

如果待在戶外的豔陽天下……
……，
就會暴露在大量的紫外線中……
……，
如果長時間待在日光中……，

●紫外線的害處

紫外線A會引起曬傷!!

紫外線A

皺紋

斑點

紫外線B比紫外線A的能量更強!!

皮膚癌

紫外線B

紫外線A會使得身體產生黑色素，使皮膚變黑（曬傷）。黑色素能夠保護身體免於紫外線進入身體內部……

但是持續暴露在大量的紫外線中，會加速肌膚的老化，形成斑點和皺紋……

疲累的肌膚暴露在大量的紫外線B當中，則很可能會產生皮膚癌。

像亞洲人天生黑色素比歐美人多，所以皮膚癌的發生率比較低，但是還是得要避免長時間暴露在白天強烈的陽光中。

第10章

健康與飲食生活

【基本知識】以汽車來比喻營養素的作用

我們藉著每天的飲食，吸收必要的營養素。

營養素包括：

❶蛋白質、❷碳水化合物、❸脂肪3大營養素，此外還有只要微量就能夠發揮作用的維他命和礦物質。

這些營養素在人體內到底會發生何種作用呢？

以汽車來比喻人體，各位就能夠很容易的了解。

	製造身體的主要材料	成為熱量源的燃料	調整身體功能的潤滑油
人體	蛋白質 肌肉	碳水化合物 脂肪 ※缺乏這兩者時，蛋白質會變成熱量源來使用 熱量	維他命 礦物質
	蛋白質是構成肌肉和身體的組織…… 以汽車來比喻，就是—— 形成車身或引擎的材料，相當於**鋼鐵**。	**碳水化合物和脂肪**在體內消化之後，成為活動的熱量源…… 以汽車來比喻，相當於—— 燃料汽油。	**維他命**和**礦物質**只要微量，就可以調整身體功能，所以……， 以汽車來比喻的話，即相當於——油（潤滑油）。
汽車	鋼鐵	汽油	機油 OIL

❿健康與飲食生活

【基本知識】 何謂基礎代謝？

我們在安靜休息時，會使用以下的熱量。

❶呼吸：爲了吸收氧，要呼吸，需要使用熱量。

❷血液循環：心臟送出血液，需要使用熱量。

❸維持體溫：要使體溫保持穩定，就需要使用熱量。

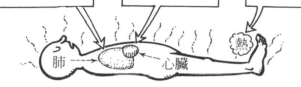

肺　　心臟　　熱

基礎代謝是指上述的❶❷❸加起來所使用的熱量，是**維持生存所需要的最低限度的熱量**。

基礎代謝由體脂肪來決定！！

體內消耗最多熱量的就是肌肉。雖然體重相同，但是如果體脂肪率不同，體內肌肉的比例也不同，因此基礎代謝量也就不同。【注】

【體脂肪率不同，基礎代謝量也不同】

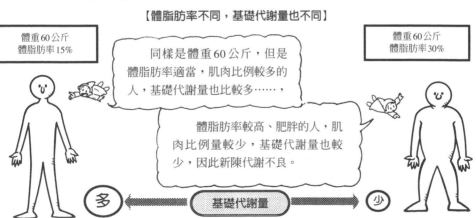

體重60公斤
體脂肪率15%

體重60公斤
體脂肪率30%

同樣是體重60公斤，但是體脂肪率適當，肌肉比例較多的人，基礎代謝量也比較多……，

體脂肪率較高、肥胖的人，肌肉比例量較少，基礎代謝量也較少，因此新陳代謝不良。

多　←　基礎代謝量　→　少

【注】可以到醫院或健身房測定體脂肪率。此外，最近市面上也有在賣能夠測量體脂肪的體重計。

1天所需的熱量

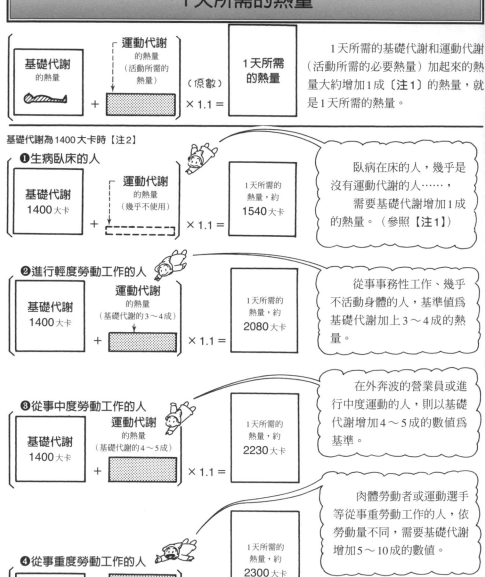

1天所需的基礎代謝和運動代謝（活動所需的必要熱量）加起來的熱量大約增加1成〔注1〕的熱量，就是1天所需的熱量。

基礎代謝為1400大卡時【注2】

❶生病臥床的人

臥病在床的人，幾乎是沒有運動代謝的人……，需要基礎代謝增加1成的熱量。（參照【注1】）

❷進行輕度勞動工作的人

從事事務性工作、幾乎不活動身體的人，基準值為基礎代謝加上3～4成的熱量。

❸從事中度勞動工作的人

在外奔波的營業員或進行中度運動的人，則以基礎代謝增加4～5成的數值為基準。

❹從事重度勞動工作的人

肉體勞動者或運動選手等從事重度勞動工作的人，依勞動量不同，需要基礎代謝增加5～10成的數值。

所以，即使基礎代謝量相同，但依生活習慣的不同，需要的熱量也不同。

【注1】食物的消化吸收等，也會使用掉若干的熱量。

【注2】關於基礎代謝量，在本出版社所發行的《〔完全圖解〕了解我們的身體〈看護篇〉》中，介紹了以體重為基準來計算的簡便實用的計算方法。（嚴格說起來，連體脂肪率等也必須列入考慮，所以這只是大致的參考數值而已！）

碳水化合物　不可以攝取太多的碳水化合物

碳水化合物經過消化、被吸收到血液當中，能夠當成活動的熱量來利用。

碳水化合物也稱為醣類，具有以下幾種，其吸收方式各具特徵。

不可以攝取太多的碳水化合物

單醣類 葡萄糖　果糖　牛乳糖	單醣類，是由1個碳水化合物的基本分子所構成的，會立刻被吸收到血液當中。 不管哪一種碳水化合物，在消化之後，都會分解為單醣類。 食物當中，像水果含有**果糖**，攝取**太多果糖，會引起下痢，或變成脂肪**。
寡醣類 麥芽糖　蔗糖　乳糖	寡醣類是由幾個至幾十個基本分子相連而形成的，會立刻被分解掉，吸收到血液中。 因此**不禁餓，容易吃得過多**。 此外，也具有讓胰島素（降低血液中糖分的荷爾蒙）這種容易讓**皮下脂肪附著**的荷爾蒙，迅速分泌出來的作用。〔注1〕 在**方糖、蜂蜜、牛奶**等中含量較多。
多醣類 澱粉　糖原　食物纖維【注2】	多醣類是由幾百到幾千個基本分子串連而形成的。 因此，要花較長的時間才會被消化（分解）、吸收。比較耐餓，胰島素的分泌量也比較少，所以較不容易成為皮下脂肪積存下來。 **飯、麵包、麵類、薯類**等中含量較多。這些物質也含有**維他命**和**礦物質**，所以要適度地攝取。

【注1】單醣類當中，果糖不會促進胰島素的分泌。

【注2】食物纖維無法被消化掉，所以不能成為熱量源（參照140、141頁）。

碳水化合物 疲勞時，甜食有效嗎？

砂糖等甜食，是能夠被迅速消化、吸收的碳水化合物，但攝取過多容易成為體脂肪。

可是如果適量攝取，即能被迅速消化吸收，具有很好的作用。

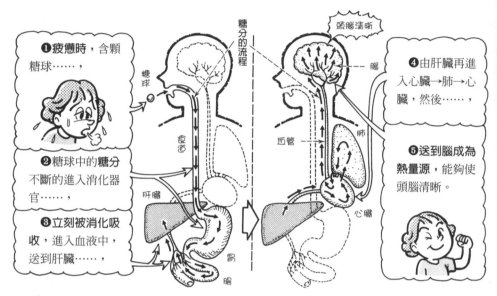

❶疲憊時，含顆糖球……，

糖球

糖分的流程

頭腦清晰

腦

❹由肝臟再進入心臟→肺→心臟，然後……，

❷糖球中的糖分不斷的進入消化器官……，

血管

肺

❺送到腦成為熱量源，能夠使頭腦清晰。

❸立刻被消化吸收，進入血液中，送到肝臟……，

肝臟

食道

心臟

胃

腸

製造腦的細胞，是以碳水化合物中所含的葡萄糖為熱量源。

因此，能夠迅速消化吸收的**甜食**，可以**立刻消除腦的疲勞**。

同樣是甜食，但是像蛋糕或甜甜圈等西式點心，脂肪較多，不容易消化，反而會增加胃腸的負擔，所以不要吃太多。

碳水化合物 食物纖維較多的食物

食物纖維是一種碳水化合物，主要存在於植物性的食品當中。

雖說是碳水化合物，可是人類的消化器官無法消化，所以不能成為熱量源。

但它能預防**生活習慣病（成人病）**等，是保持健康需所要的營養素。（關於其功能，請參照次頁的說明）

食物纖維較多的食物

食物等穀物的外皮、胚芽

蒟蒻

蔬菜

海草

水果

豆類

碳水化合物 食物纖維能夠保持青春美麗

食物纖維雖不能成爲熱量源，可是卻具有以下優良的作用。

最近備受注目，是保持健康不可或缺的營養素之一。

★清掃腸內，保持青春！！

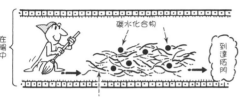

食物纖維能夠吸附著在腸中的膽固醇等有害的物質，使其成爲糞便排泄出體外。

也就是能夠清掃腸內，保持青春，預防大腸癌或生活習慣病。

★防止肥胖，使身材苗條！！

只攝取砂糖等碳水化合物時

❶如果攝取過多的碳水化合物（尤其是砂糖等甜食）……，

❷在腸中被迅速吸收掉。

這時血糖值上升，胰島素（一種荷爾蒙）會大量分泌……，

❸胰島素的作用會使體脂肪不斷的製造出來，形成肥胖體。

碳水化合物和食物纖維一併攝取時

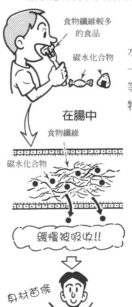

❶如果在攝取碳水化合物的同時，也一併攝取蔬菜、豆類等食物纖維較多的食物……，

❷由於食物纖維的阻擋，所以碳水化合物被吸收的速度就會減緩……，

如此就不會分泌太多的胰島素，所以……，

❸不會形成體脂肪，能夠得到苗條的身材。

碳水化合物　喝酒真的會發胖嗎？

【基本知識】 酒的熱量有多少？

1公克的酒＝7.1大卡的熱量

酒中所含的酒精熱量〔注1〕

 日本酒180cc ＝126大卡

 喝酒330毫升 ＝約77大卡

↓

這些熱量完全無法被利用

酒是碳水化合物發酵而成的飲料，1公克中大約含有7.1大卡的熱量。

但是在人體中完全無法加以利用，所以不可以用酒來代替飯或麵包等熱量源。

因為無法成為熱量源，所以喝再多的酒也不會胖……，這是錯誤的想法!!

【酒的作用】

❶喝酒之後，藉著其作用會刺激腦的食慾中樞……

❷不斷的喝酒，自制心放鬆，最後就會放縱食慾，吃得過多……

❸和酒一起攝取的食物，會導致肥胖。

酒會刺激腦

大吃大喝

【參考】 那麼是不是光喝酒就不會發胖了呢？

酒本身不會令人發胖，但是只喝酒而不吃下酒菜，這樣的喝法很糟糕。

因為進入體內的酒，在肝臟解毒時需要蛋白質、維他命等物質。

不吃下酒菜而只是喝酒，則這些營養素不足，就會破壞肝臟。

喝酒時要適量的攝取下酒菜，而且注意不要喝太多。【注2】

【酒在體內的變化】

在肝臟內

酒精

↓

分解・解毒

水　　二氧化碳

酒　肝臟　胃　小腸

【注1】各種酒都含有酒精以外的其他物質，也有若干的熱量。

【注2】適量的酒是1天日本酒180cc、啤酒1大瓶、威士忌60ml、葡萄酒240ml。

蛋白質 蛋白質是製造身體的根源物質

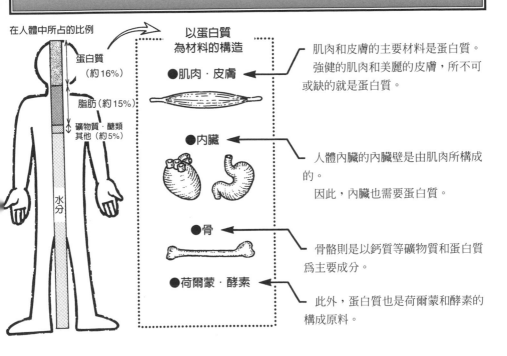

在人體中所占的比例

蛋白質（約16%）

脂肪（約15%）

礦物質・醣類 其他（約5%）

水分

以蛋白質為材料的構造

●肌肉・皮膚

肌肉和皮膚的主要材料是蛋白質。
強健的肌肉和美麗的皮膚，所不可或缺的就是蛋白質。

●內臟

人體內臟的內臟壁是由肌肉所構成的。
因此，內臟也需要蛋白質。

●骨

骨骼則是以鈣質等礦物質和蛋白質為主要成分。

●荷爾蒙・酵素

此外，蛋白質也是荷爾蒙和酵素的構成原料。

因此，蛋白質在體內是各種組織的材料。
身體的組織不斷的進行新陳代謝，所以需要蛋白質。

【參考】蛋白質的種類

蛋白質是存在於各種食品中的營養素，可以分為兩類。

❶動物性蛋白質：動物性食品中所含的蛋白質。
左圖的食品中含有很多優質蛋白質，在體內容易被利用。

動物性蛋白質含量較多的食品

肉　蛋　魚　乳製品

❷植物性蛋白質：存在於植物性食品中的蛋白質，尤其像大豆素有「菜園之肉」之稱。
但是與動物性蛋白質相比，在體內的利用率不佳。

植物性蛋白質含量較多的食品

大豆　豆腐　花椰菜　納豆　蘆筍

蛋白質 攝取大豆就不需要魚或肉了嗎？

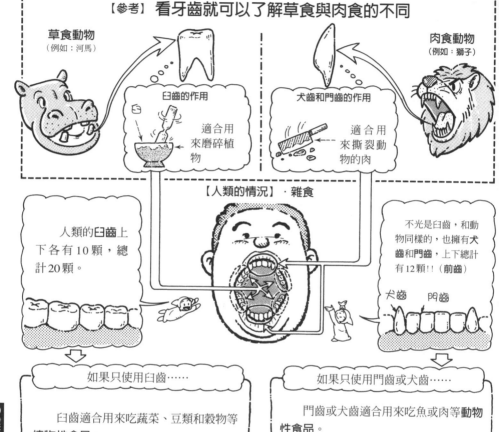

【參考】看牙齒就可以了解草食與肉食的不同

草食動物（例如：河馬）

肉食動物（例如：獅子）

臼齒的作用
適合用來磨碎植物

犬齒和門齒的作用
適合用來撕裂動物的肉

【人類的情況】．雜食

人類的**臼齒**上下各有 10 顆，總計 20 顆。

不光是臼齒，和動物同樣的，也擁有**犬齒**和**門齒**，上下總計有 12 顆!!（**前齒**）

犬齒　門齒

如果只使用臼齒……

臼齒適合用來吃蔬菜、豆類和穀物等**植物性食品**。

這些食品沒有蛋白質，而且品質不良，無法創造強健的身體，**沒有氣力**。

如果只使用門齒或犬齒……

門齒或犬齒適合用來吃魚或肉等**動物性食品**。

這些食品中含有優質蛋白質。

但是**膽固醇**和脂肪較多，吃太多對健康也不好。

我們人類不光有臼齒，還有門齒和犬齒。

這就意味著要均衡的攝取植物性食品和動物性食品。

門齒和犬齒有 12 顆，臼齒有 20 顆，換言之，**植物性食品的攝取量要多於動物性食品的攝取量**。

蛋白質　蛋白質和睡眠的關係

★何謂生長激素？

以經由食物攝取到體內的蛋白質為材料，讓肌肉或肌膚等各種器官生長的激素，稱為生長激素。

★愛睡覺的孩子較容易長大……兒童的情況

如下圖所示，生長激素在睡眠中會旺盛得分泌，對兒童來說，生長激素的作用會使得身體不斷的成長。

★成人的情況

成人的生長激素能夠使新陳代謝旺盛，創造出強健的身體。

因此，充分攝取成為身體材料的蛋白質，以及擁有充分的睡眠，就能夠防止皮膚乾燥以及體力減退。

【睡眠與生長激素的分泌量及關係】

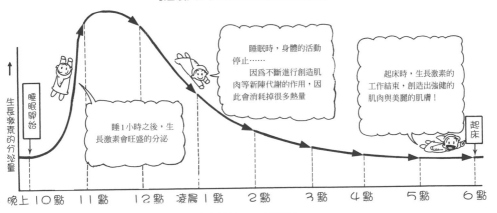

睡眠時，身體的活動停止……
因為不斷進行創造肌肉等新陳代謝的作用，因此會消耗掉很多熱量

起床時，生長激素的工作結束，創造出強健的肌肉與美麗的肌膚！

睡1小時之後，生長激素會旺盛的分泌

生長激素的分泌量

睡眠開始　　　　　　　　　　　　　　　　　起床

晚上10點　11點　12點　凌晨1點　2點　3點　4點　5點　6點

【注】為了避免胃的負擔，補充蛋白質的工作最好在睡前2～3小時完成。

脂肪　脂肪具有何種作用？

★脂肪的種類

脂肪和碳水化合物同樣的，是能夠成為活動熱量源的營養素，包括植物性脂肪和動物性脂肪。

★脂肪的消化和吸收

脂肪藉著小腸消化吸收，進入血液當中，蓄積在全身的脂肪組織內。

女性的大腿和臀部、男性的腹部皆儲存較多的脂肪。

★脂肪被利用的構造

肚子餓時，肝臟會對全身的脂肪組織發揮作用，分解脂肪，將其送到血液當中。

這時，經由呼吸攝取的氧和脂肪結合，就能產生熱量。

脂肪產生的熱量，為碳水化合物的2倍以上，會成為有效的熱量源。（參照28頁）

維他命 不可以攝取過多的維他命

只要少量的維他命,就能調整身體的功能,具有所謂「潤滑油」的作用。

維他命有許多種類,功能各有不同。

大致分為可以溶於油脂中的脂溶性維他命,以及可以溶於水中的水溶性維他命,性質各有不同。

脂溶性維他命

維他命A
維他命D
維他命E
維他命K
等等

攝取過多的話……

胃不舒服!!

這些都是能夠**溶於油脂的(脂溶性)維他命**。

攝取過多,積存在體內,會引起各種毛病,所以**不可以攝取過多**!!

水溶性維他命

維他命B

維他命B1
維他命B2
菸鹼酸
維他命B6
泛酸
生物素
葉酸
維他命B12

維他命C

即使攝取過多……

排出體外

此外,還有能夠**溶於水中發揮作用的(水溶性)維他命**。

即使攝取過多,也可以溶於尿(水分)當中……
隨著尿排出體外,所以即使**攝取過多也無害**。

不偏食,攝取正常的飲食,就不會缺乏維他命。

但是,最近食用維他命劑的人大為增加,出現攝取過剩的現象。尤其是脂溶性維他命,攝取過多,反而有害,這點要注意。

【參考】 維他命和礦物質的不同

維他命和礦物質,只要微量就能夠幫助身體的作用。

礦物質為無機質,而**維他命則是有機化合物**,具有更為複雜的構造。

維他命 **維他命Ａ的有效攝取方法**

【基本知識】 維他命Ａ的作用

●**維持眼睛機能**……存在於視細胞當中，幫助產生能夠感覺光的明暗的物質（視紫質），預防**夜盲症**。

●**保護皮膚・黏膜**…能夠保護皮膚和黏膜，防止乾燥，使擁有年輕的肌膚。

●**預防感染症**………由於鞏固了皮膚和黏膜，因此能夠防止會引起感冒的病毒等病原菌進入體內。

●**促進成長**…………強健骨骼和牙齒，促進成長。

此外，根據最近的研究顯示，也可以期待它能夠具有防癌的效果。

維他命Ａ的種類

含有維他命Ａ的食品

維他命Ａ

◆**存在於動物性食品中的維他命Ａ**

肝臟　　鰻魚　　奶油
泥鰍
蛋　　牛乳　　乳酪

胡蘿蔔素

◆**存在於植物性食品中的維他命Ａ**

胡蘿蔔　　海苔
蔬菜　　海帶芽
荷蘭芹等
黃綠色蔬菜

維他命Ａ大致可分為存在於動物性食品及植物性食品中2種。

存在於動物性食品中的**維他命Ａ**，進入體內之後，能夠立刻被利用，即使攝取再多也無妨！！

存在於植物性食品中的**胡蘿蔔素**，進入體內之後，要變成維他命Ａ才能夠發揮效力……

不和油脂一併攝取，則吸收率不佳，所以要採用使用油的調理法來吃。

【參考】 維他命Ａ的1日所需量為1800～2000 IU（IU是維他命Ａ效力的單位），相當於胡蘿蔔50公克的含量。

【基本知識】 維他命B的作用

溶於水中才能發揮作用的維他命，包括：維他命B1、維他命B2、菸鹼酸、維他命B6、泛酸、生物素、葉酸、維他命B12，還有維他命C。

其中除了維他命C之外，其他維他命大量存在於米糠、肝臟或酵母中，所以特別將其稱為維他命B群。

維他命B群其各自的功能如下表所示。

維他命B群的各種作用

維他命名稱	作　用
維他命B1	能夠幫助經由食物攝取的**糖分轉換為熱量**。 此外，具有調整腦、神經、肌肉功能的作用，缺乏這種維他命，會得「腳氣病」。
維他命B2	能夠鞏固皮膚和黏膜，防止口內炎和口角炎，具有創造**美麗肌膚**及**富於光澤的頭髮**的作用。 此外，能夠緩和**眼睛的疲勞**，保護眼睛細胞的健康。 同時也是讓**脂肪燃燒轉換為熱量時所需要**的維他命，是**減肥**不可或缺的營養素。
菸鹼酸	能夠保持胃腸等消化器官功能正常，緩和下痢症狀，保持皮膚健康。
維他命B6	能夠促進蛋白質或脂肪在體內轉換為熱量，創造美肌。 此外，具有維持神經功能的作用。
泛酸	是製造細胞的維他命，具有使**傷口迅速痊癒**的作用。
生物素	能夠減輕濕疹或皮膚炎的症狀，預防白髮或禿頭。是脂肪或蛋白質轉換為熱量時所需要的維他命。
葉酸	和維他命B12一樣，是製造紅血球所需要的維他命，一旦缺乏時，會引起貧血。
維他命B12	和葉酸一樣，是製造紅血球所需要的維他命，一旦缺乏時，會引起貧血。此外，還能夠調整腦和神經的作用，具有強精作用。

維他命 維他命B群的有效攝取方法

能夠適量攝取到的維他命B群當中容易缺乏的維他命B1、維他命B2及菸鹼酸的食品，以及其1日所需量如下。

維他命名稱	能夠攝取到維他命的食品	1日所需量
維他命B1	豬肉、烤海苔、芝麻、豆類（大豆等）、堅果類（花生等）、鰻魚、香菇、糙米等	1.0mg （豬瘦肉140g的量）
維他命B2	肝臟、蛋、牛奶、烤海苔、納豆、菠菜、香菇等	1.4mg （豬肝40g的量）
菸鹼酸	鰹魚、堅果類、鮪魚、肝臟、芝麻、香菇、烤海苔等	17mg （鰹魚110g的量）

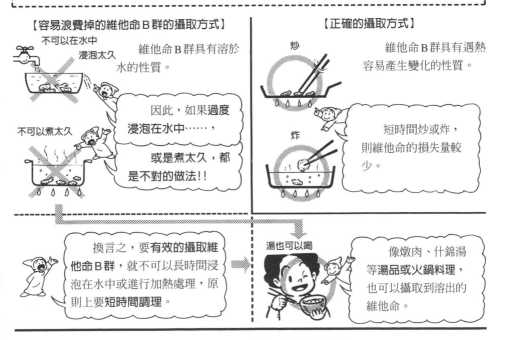

【容易浪費掉的維他命B群的攝取方式】

不可以在水中浸泡太久

維他命B群具有溶於水的性質。

不可以煮太久

因此，如果**過度浸泡在水中……**，

或是**煮太久**，都是不對的做法！！

換言之，要有效的攝取維他命B群，就不可以長時間浸泡在水中或進行加熱處理，原則上要**短時間調理**。

【正確的攝取方式】

炒

維他命B群具有遇熱容易產生變化的性質。

炸

短時間炒或炸，則維他命的損失量較少。

湯也可以喝

像燉肉、什錦湯等**湯品或火鍋料理**，也可以攝取到溶出的維他命。

【參考】攝取含有維他命B的食品的祕訣

維他命B是容易因為調理而遭到破壞的維他命。

但是如上所述，只要在調理法上下點工夫，就可以減少維他命的損失，而且**比起生食而言，較容易消化**，也比較容易攝取到較多的**量**。

維他命 **維他命C的作用**

牙齦、皮下出血或關節疼痛等嚴重時會致死的疾病，稱為**壞血病**，原因就是缺乏維他命C。

維他命C還具有以下幾種作用。

【維他命C的各種作用】

❶製造膠原蛋白，**創造美肌**。

❷防止日曬，**不容易生成斑點、雀斑**。

斑點
雀斑

❸幫助腎上腺製造抗壓力荷爾蒙。

❹使鐵的吸收順暢，**防止貧血**。

❺**不容易出血**，可以防止牙齦炎等。

❻創造**免疫力**，比較不容易感冒。

> 維他命C可以保持美麗肌膚，創造免疫力，是**防止老化**的維他命。
> 最近，許多研究者發現，維他命C具有一些**抗癌作用**！！

【參考】 老菸槍與維他命C的關係

一旦**吸菸**，則進入體內的**維他命C會遭到破壞**。

例如，1天抽20根香菸的人，大約會喪失500毫克的維他命C。

維他命C的1日所需量約60毫克（100公克菠菜的分量）。一旦流失大量的維他命C，情況就嚴重了。

吸菸的人要**大量攝取維他命C**，同時最好每天減少吸菸量。

> 這下可糟了！體內的維他命C不斷的遭到破壞！！

維他命　維他命Ｃ的高明攝取方法

維他命Ｃ含量較多的食物

荷蘭芹
菠菜
青椒等　→　黃綠色的蔬菜

橘子
檸檬　←　
柿子等水果

薯類

鹽菜

肝臟

在萵苣或小黃瓜等淡色蔬菜中，維他命Ｃ的含量較少，而在如左圖所示的食物中含量較多。

不要在水中浸泡太久

加熱過度

吃得好膩…

大量的生菜

OK!!!

做成燙青菜等

維他命Ｃ與維他命Ｂ同樣的，是易溶於水的維他命，因此只要略微清洗即可，**不可以過度浸泡在水中。**

此外，它是不耐熱的維他命，**調理之後，量會減少一半。**

如果想要藉由**生菜沙拉**來攝取維他命Ｃ……，則由於生菜的**體積比較大**，所以反而無法攝取很多……

因此，應該要採用**煮或燙的方式**來吃……，**蔬菜體積變小了，就可以吃較多的菜，**攝取到足夠的維他命Ｃ!!

料理的方式能夠讓您攝取到大量的維他命Ｃ。此外，做成湯，連湯一起喝，也可以減少維他命的損失。

尤其像馬鈴薯等薯類中所含的澱粉，會保護維他命Ｃ，即使加熱，維他命Ｃ也不會減少。

【參考】維他命Ｃ和胡蘿蔔同時攝取時，要小心!!

胡蘿蔔和小黃瓜、南瓜、高麗菜等食物中，含有會使**維他命Ｃ氧化、失去效力**的酵素。

但是**加熱或加入檸檬汁之後，這個酵素就無法發揮作用，**因此能夠保留住維他命Ｃ。

維他命　維他命D的作用

維他命D是能溶於油脂的維他命，具有強健骨骼和牙齒的作用。

一旦缺乏這種維他命，則骨骼發育不良，背骨彎曲，容易得佝僂病。

維他命D發揮作用的構造如下。

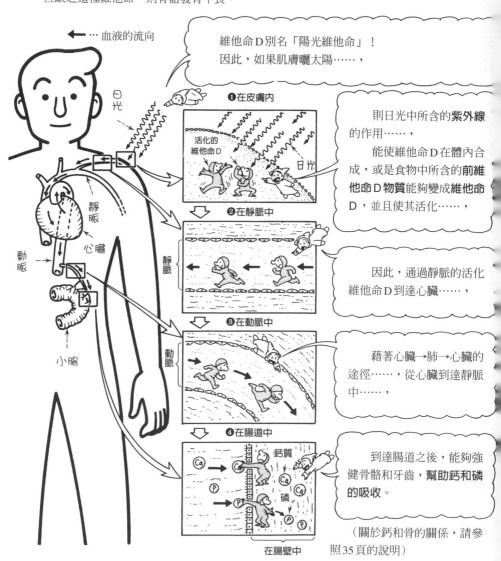

←…血液的流向

維他命D別名「陽光維他命」！因此，如果肌膚曬太陽……，

❶在皮膚內

則日光中所含的**紫外線**的作用……，能使維他命D在體內合成，或是食物中所含的**前維他命D物質**能夠變成**維他命D**，並且使其活化……，

❷在靜脈中

因此，通過靜脈的活化維他命D到達心臟……，

❸在動脈中

藉著心臟→肺→心臟的途徑……，從心臟到達靜脈中……，

❹在腸道中

到達腸道之後，能夠強健骨骼和牙齒，**幫助鈣和磷的吸收**。

（關於鈣和骨的關係，請參照35頁的說明）

日光

活化的維他命D

靜脈　心臟

動脈

小腸

鈣質

磷

在腸壁中

維他命 維他命D的1日所需量

富含維他命D的食物

新鮮香菇
乾香菇

蛋黃

漬東沙丁魚
沙丁魚乾

牛奶

奶油

鰻魚

鰹魚

柴魚片

如左圖所示的食物中，維他命D的含量比較多。

維他命D即使經過調理，也不容易遭到破壞。

此外，具有只要曬太陽就能使其活化的性質。（請參照本頁下方的【參考】）

●維他命D的1日所需量

成人

普通成人1天需要 100 IU（IU是維他命D量的國際單位）的維他命D。這個量和新鮮香菇30公克中所含的維他命D量相同。

只要皮膚能夠曬太陽，就能在體內自動合成維他命D，所以一般成人的必要量即已經足夠了。

●特別需要維他命D的人

兒童

孕婦

授乳中的女性

但是不斷成長的兒童或是**孕婦、授乳中的女性**等，1天大概需要 400 IU，相當於新鮮香菇100公克分量的維他命D。此外，在**日照量較少的地方**生活的人，或是待在**陽光照不到的房間裡**工作的人，比較容易缺乏維他命D。

這些人應該要從飲食中積極的攝取維他命D，並適度的進行日光浴。

【參考】只要曬太陽，就能使維他命D的效果提升！！

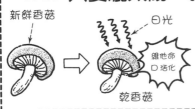

新鮮香菇

日光

維他命D活化

乾香菇

食物中所含的前維他命D（會變成維他命D之前的物質），一旦曬太陽，就會變成維他命D。

換言之，乾香菇比新鮮香菇含有更豐富、能夠立即使用的維他命D。

維他命 維他命E具有恢復青春的效果嗎？

【維他命E的重要作用】

❶擊退有害的活性氧·················

進入體內的氧當中，有些會因爲某種理由而生成氧化力非常強的活性氧。

活性氧量太多，就會成爲動脈硬化等老化現象的原因。

維他命E能夠封住活性氧，具有防止老化的作用。

❷強健細胞膜························

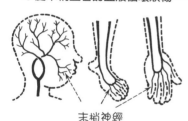

❶所提到的活性氧，會使建立細胞膜形狀的脂肪（植物油中所含的不飽和脂肪酸）氧化、破爛。

維他命E能夠抑制活性氧的作用，所以能夠**鞏固細胞膜，保持張力**。

❸使末梢血管的血液循環順暢······

血管從心臟伸出，到達手腳等末梢時會變細，血液很難流動……，

而維他命E能夠使得末梢血管的血液循環順暢，因此**能夠使得血液到達身體各個角落**。

末梢神經

> 換言之，充分攝取維他命E，就具有恢復青春的效果!!

【參考】 維他命E含量較多的食物

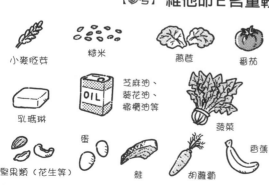

小麥胚芽　　糙米　　　萵苣　　番茄

乳瑪琳　　芝麻油、葵花油、橄欖油等　　　菠菜

堅果類（花生等）　蛋　　鮭　胡蘿蔔　香蕉

維他命E是屬於能夠溶於油脂中的維他命。

特徵是不容易出現缺乏症，1天大約需要7～8毫克（大約50公克的花生）。

此外，**只要不要濫用維他命劑，就不用擔心過剩症**，藉著左圖所列舉的食品，就能夠攝取到足夠的分量。

【參考知識】 **擁有２種風貌的氧……何謂活性氧？**

活性氧

普通氧

人沒有氧就無法生存，藉著氧才能夠產生身體所需的熱量。

但是，有一部分的氧因為某種理由而成為活性氧這種力量非常強大的氧。

❶適度的活性氧

幹掉它!!

活性氧

病原菌

啊，啊!!

通常，活性氧是藉著圍繞氧的白血球等免疫細胞製造出來的，能夠**擊退不好的病原菌**，對身體產生好的作用。

❷活性氧太多時

等等!!　正常的組織

好可怕!!救命啊!!

但是由於紫外線‧放射線‧化學物質等強大的刺激，使得體內產生太多的活性氧時，則會損傷體內正常的組織，成為**生活習慣病（成人病）**的元兇。

維他命　**封住活性氧的維他命**

・・・・・・**這３種能夠擊退活性氧!!**・・・・・・

胡蘿蔔素
（植物中所含的維他命Ａ）

胡蘿蔔素

維他命Ｃ

維他命Ｅ

有些維他命會擊退增加過多的活性氧，防止生活習慣病。

這些維他命稱為**抗氧化維他命**Ｄ，如左圖所示，包括**胡蘿蔔素**與**維他命Ｃ、維他命Ｅ**等３種。

這些具有**防癌**作用的維他命，應該要充分的攝取。

胡蘿蔔素　活性氧

這３種維他命在菠菜等**黃綠色蔬菜**中含量相當豐富!!

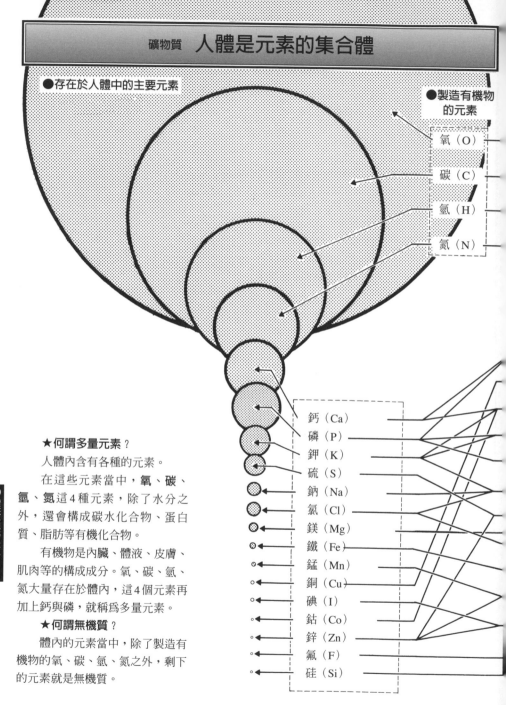

礦物質 人體是元素的集合體

●存在於人體中的主要元素

●製造有機物
 的元素

氧（O）

碳（C）

氫（H）

氮（N）

鈣（Ca）
磷（P）
鉀（K）
硫（S）
鈉（Na）
氯（Cl）
鎂（Mg）
鐵（Fe）
錳（Mn）
銅（Cu）
碘（I）
鈷（Co）
鋅（Zn）
氟（F）
硅（Si）

★何謂多量元素？

　人體內含有各種的元素。

　在這些元素當中，**氧、碳、氫、氮**這４種元素，除了水分之外，還會構成碳水化合物、蛋白質、脂肪等有機化合物。

　有機物是內臟、體液、皮膚、肌肉等的構成成分。氧、碳、氫、氮大量存在於體內，這４個元素再加上鈣與磷，就稱為多量元素。

★何謂無機質？

　體內的元素當中，除了製造有機物的氧、碳、氫、氮之外，剩下的元素就是無機質。

體內的元素分布在各處!!

【多量元素製造出來的化合物】

化合物	含有的元素	在體內的作用
水分	氧、氫	約占人體60%的一種物質,是維持生命活動不可或缺的物質。
碳水化合物	氧、碳、氫	生存、活動所需要的熱量源的物質。
脂肪	氧、碳、氫	與碳水化合物同樣的成為活動的熱量源。此外,也成為荷爾蒙和膽汁的成分。
蛋白質	氧、碳、氫、氮	製造身體的組織,是細胞的根源。製造肌肉和內臟、皮膚等。

場所	所含的主要元素	元素的作用
骨骼 · 牙齒	Ca, P, Mg, F, Sl	成為骨骼和牙齒的成分
骨髓	Cu	幫助蛋白質和鐵的合成
血清	Ca, K, Co	幫助各種生命的活動
肌肉	P, K	幫助肌肉的收縮
腦 · 神經	P	維持神經肌肉
細胞	K(細胞內液), Na, Cl(細胞外液)	維持細胞的形狀
胰島素	Zn, S	鋅是產生胰島素所需要的物質
胃液	Cl	成為胃液的成分,幫助消化
紅血球	Fe	成為紅血球內血紅蛋白的成分
肝臟	Mn, Zn	幫助各種酵素的作用
甲狀腺	I, Zn	I是甲狀腺激素的成分

此外,在人體內也含有微量的**砷**和**汞**等毒物,可能人體也需要這些物質吧!

礦物質　無機質和礦物質是相同的東西嗎？

　　礦物質（Mineral）是來自於礦山（Mine）這個字。

　　原本是指在礦山可以採集到的礦物質。因此，原本是指鐵或銅等金屬。

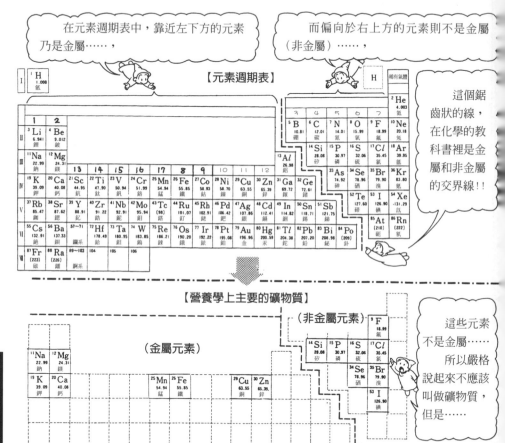

在元素週期表中，靠近左下方的元素乃是金屬……，

而偏向於右上方的元素則不是金屬（非金屬）……，

【元素週期表】

這個鋸齒狀的線，在化學的教科書裡是金屬和非金屬的交界線！！

【營養學上主要的礦物質】

（金屬元素）

（非金屬元素）

這些元素不是金屬……所以嚴格說起來不應該叫做礦物質，但是……

　　營養學上將**礦物質**原來的意義範圍更擴大了一些……，當成與**無機質同樣的意義**來使用！！

　　營養學上的礦物質，也包括如上表所示的磷或碘等非金屬元素在內，然而正確的說法應該是「生物體內的微量元素」。

礦物質　無機質的1日必要量

無機質（礦物質）具有讓身體發育、維持健康的作用。
主要的無機質必要量如下表所示。

【無機質（礦物質）的1日必要量】

無機質	1日的必要量	備　考	參考頁數
鈣 Ca	600 mg	鈣是國人飲食中容易缺乏的無機質。	160 ~162頁
鐵 Fe	男性10 mg 女性20 mg	與鈣同樣的，是國人飲食中比較容易缺乏的無機質。	166 ~167頁
鈉 Na	500 mg (食鹽約1.3g)	努力減鹽，1日的攝取量應該在10公克以下。	165頁
鉀 K	2000 mg ~ 4000 mg	具有將攝取過多的鹽分排出的作用。	164頁
磷 P	1300 mg	在加工食品中含量較多，最近似乎有過度攝取的傾向。	163頁
鎂 Mg	300 mg		169頁
鋅 Zn	15 mg	這些礦物質存在於各種食品當中……所以只要按照正常的方式攝取飲食，就不會缺乏。	168頁
銅 Cu	1.1 mg ~ 1.6 mg		169頁
錳 Mn	3.4 mg		169頁
碘 I	0.1 mg		169頁

磷的量與鈣的量同量或為其2倍的量較好。

鎂的量為鈣的一半最適合。

無機質（礦物質）只要微量，就能夠發揮各種作用。

礦物質　鈣是製造骨骼的根源

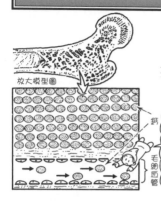

放大模型圖

我們身體強健的「骨架」是來自於鈣質。

鈣質不光是生成骨，同時也是活動肌肉、使神經功能順暢的重要礦物質。

> 請看！
>
> 在血液中的鈣量已經決定好只能夠維持某種分量，不能太多也不能太少，否則就無法發揮活動肌肉、使神經功能順暢的作用……，

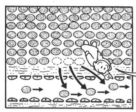

> 如果這個分量減少……，
>
> 則生成骨的的鈣的一部分就會進入血管當中，溶到血液裡……，
>
> 而血液中的鈣量也要調節到適當的量。

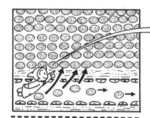

> 減少的鈣……，
>
> 經由飲食攝取的鈣由腸吸收，溶入血液當中，運送到毛細血管……，
>
> 然後被吸收到骨中，所以骨像原先一樣，非常的強健。

鈣的攝取量減少時

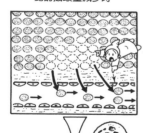

> 但是如果飲食中攝取的鈣量不足……，
>
> 則骨中的鈣會不斷的釋出到血液裡，無法被補充……，

> 骨就會變得疏鬆而脆弱！

疏鬆

像這種骨中有空洞的疾病，就稱為**骨質疏鬆症**。其主要症狀是容易骨折，原因就是因為鈣的攝取不足。

礦物質　鈣是活動肌肉的原動力

將肌肉放大來看，如下圖❶所示，會看到**肌肉細胞束**一條條的聚集起來。

將肌肉細胞再放大，就會發現2種**肌原纖**維，稱爲肌動蛋白與肌球蛋白，如下圖❷的區分，則稱爲**肌節**。

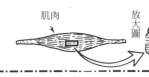

肌肉　　放大圖　　❶肌肉纖維束　　放大圖

❷肌節　　肌動蛋白　肌球蛋白｝肌原纖維

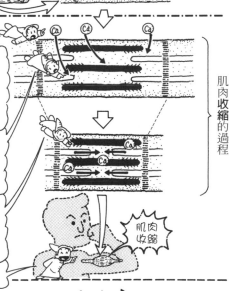

肌肉**收縮**的過程

> 請看此處！
> 　肌肉放鬆時，鈣離子（鈣溶於體液中的物質）在肌節外待命……，

> 　當來自神經的「讓肌肉收縮！」的命令傳達過來時，鈣離子流向肌原纖維的方向……，

> 　藉著這個作用，肌原纖維順勢……，
> 　由肌動蛋白滑入肌球蛋白之間，因此肌節收縮……，

> 　整個肌肉收縮，就能夠彎曲手臂!!

肌肉收縮

> 　接著，動作結束之後，鈣離子釋出到外面……，

> 　肌動蛋白回到原先的位置，因此肌節放鬆……，

> 　整個肌肉放鬆，手臂伸直了！

肌肉**放鬆**的過程

所以，鈣離子是活動肌肉時所必要的物質，一旦缺乏鈣，則活動身體的肌肉和活動心臟等內臟的肌肉，就無法順暢的發揮作用。

【**參考**】關於鈣離子，請參照165頁的敘述。

礦物質　鈣是天然的鎮靜劑

神經收集來自內臟或身體各部分的訊息，發揮控制各種功能的重要作用。

以聞到氣味時為例，神經是如何傳達訊息的呢？我們來看一下這個過程。

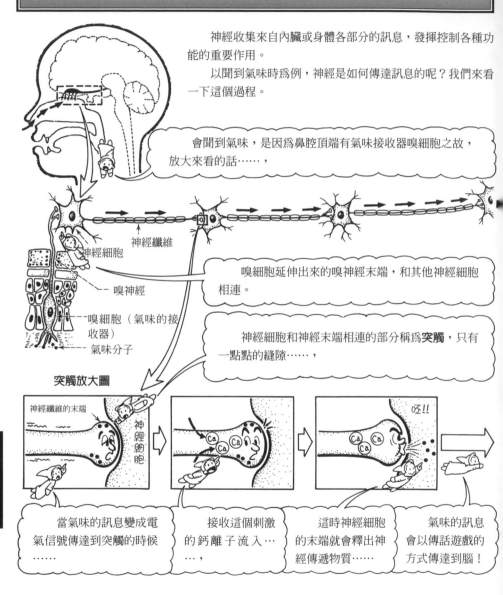

會聞到氣味，是因為鼻腔頂端有氣味接收器嗅細胞之故，放大來看的話……，

神經纖維

神經細胞

嗅神經

嗅細胞（氣味的接收器）

氣味分子

嗅細胞延伸出來的嗅神經末端，和其他神經細胞相連。

神經細胞和神經末端相連的部分稱為**突觸**，只有一點點的縫隙……，

突觸放大圖

神經纖維的末端

神經細胞

呀!!

當氣味的訊息變成電氣信號傳達到**突觸**的時候……

接收這個刺激的鈣離子流入……，

這時神經細胞的末端就會釋出神經傳遞物質……

氣味的訊息會以傳話遊戲的方式傳達到腦！

神經在傳達訊息時，鈣離子具有重要的作用，因此鈣離子缺乏時，神經功能會變得不順暢，而且焦躁易怒！

⑩健康與飲食生活

礦物質 磷是生命活動的根源

在體內的礦物質當中，磷是僅次於鈣的第2多礦物質。

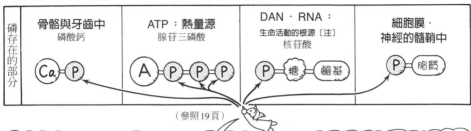

（參照19頁）

看！真的很棒吧!!磷酸在各處都可以使用，可以算是生命活動根源的礦物質!!

●磷的必要量
【良好例】

對於生命而言不可或缺的磷，攝取量與鈣相同（1天約600毫克）是最適合的!!

【參考】 磷不可以攝取過多

【不良例】

如果磷攝取過多，達到**鈣的2倍**以上……，
會**抑制鈣**的吸收，於是骨骼變得脆弱疏鬆!!

【富含磷的食物】
●**牛排**
●**鮪魚**
●**含有食品添加物的食品**

磷存在於各種食品當中，只要攝取普通的飲食，就不會缺乏。

在速食或快餐中含有較多的食品添加物，有攝取過多的傾向。

速食食品 　快餐

清涼飲料 　零嘴

近年來飲食生活豐富，但是……，
到處充斥著加工食品，我們要盡量少吃，否則會攝取太多的磷！

【注】細胞核中的DNA具備遺傳訊息，RNA讀取訊息，製造出新的細胞。DNA和RNA都是由磷酸、糖以及鹼基所構成的核苷酸物質製造出來的。

礦物質　鉀能夠防止心臟病和高血壓

【鉀的作用】

❶肌肉・神經活動不可或缺的物質

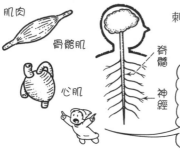

鉀攝取到體內之後，會變成鉀離子。

鉀離子是肌肉收縮時不可或缺的離子。此外，在神經傳達刺激訊息時，也需要這種物質。

> 換言之，一旦缺乏鉀離子……，
> 則肌肉的功能無法順暢進行，會引起痙攣或脫力感。
> 同時心臟功能也會出現異常！！

❷排出攝取過多的鹽分

鉀離子和鈉離子合作，保持細胞的形狀。

如果鈉（鹽分）攝取過多，則多餘的鈉會溶於尿中，排出體外。

〔血壓〕
最大140mmHg以下
最大85mmHg以下

> 鉀將多餘的鈉排出之後，能夠保持體內水分的平衡，具有以下效果！！
> ❶去除浮腫……
> ❷血壓穩定，**防止高血壓**！！

去除浮腫　　防止高血壓

【參考】　鉀含量較多的食物

鉀除了在蔬菜、水果中之外，在薯類和未精製的穀物中含量較多。

蔬菜中，尤其像黃綠色蔬菜中含量較多。

蔬菜　　水果

薯類　　未精製的穀物

> 但是攝取這些食物補充鉀時，如果攝取太多的鹽分，則鉀也會被排出體外！！

礦物質　為什麼攝取過多的鹽分會造成浮腫？

血管

腎小球

腎小球囊

尿細管

腎臟

我們從飲食中攝取到的鹽（食鹽），化學分子式稱為氯化鈉。

氯化鈉溶於水中，會分解為鈉離子和氯離子電解質（帶電的物質）。

鈉離子具有吸收水的性質，能夠調節細胞及其周圍的水分。

放大模型圖

・　血液中的鈉離子

↓　鈉離子的流向

↓　血液的流向

鈉離子的量由腎臟來調節。

看腎臟的放大圖……，溶於血液（水分）中的鈉離子，由腎小球濾出……，

由血管再吸收……，

過多的部分會再回到尿細管，隨著尿一起排出體外。

清爽!!　　眼瞼的細胞

如果能夠適度保持細胞及其周圍的水分，就能夠擁有充滿活力的肌膚。

鹽分攝取過多時

但是如果鹽分攝取過多……，

鈉離子來不及回到尿細管……，

殘留在血液中的鈉離子則會吸收大量的水……，

腫眼　　眼瞼的細胞

細胞及其周圍都浸泡在水中，因此會造成浮腫!!

【參考】離子就是電解質的意思。

礦物質 藉著鐵的力量使肌膚色澤良好

血液中所含的紅血球,將氧送達身體各個組織,同時具有使身體新陳代謝旺盛的作用。

紅血球
血紅蛋白
鐵

> 我住在紅血球裡面,我叫血紅蛋白!!
> 我的體內的鐵和氧結合,形成鮮紅色,離開了氧,就會變成暗紅色!!

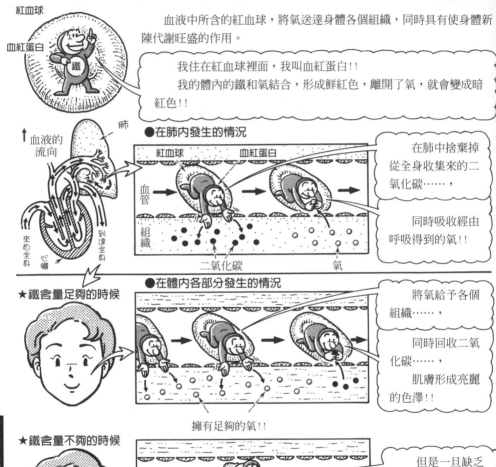

↑血液的流向
肺

●在肺內發生的情況

紅血球　血紅蛋白
血管
組織
二氧化碳　氧

來自全身　心臟　到達全身

> 在肺中捨棄掉從全身收集來的二氧化碳……,
> 同時吸收經由呼吸得到的氧!!

★鐵含量足夠的時候

●在體內各部分發生的情況

> 將氧給予各個組織……,
> 同時回收二氧化碳……,
> 肌膚形成亮麗的色澤!!

擁有足夠的氧!!

★鐵含量不夠的時候

> 但是一旦缺乏鐵時……,
> 肺無法吸收氧,肌膚就變得暗沈!!

只有二氧化碳……

⑩健康與飲食生活

因此,將氧供給身體的各個組織、使細胞的新陳代謝旺盛、使得肌膚色澤光亮的鐵質,一定要充分攝取。

鐵質含量較多的食物包括肝臟、菠菜及牛奶等。

礦物質 能夠有效吸收鐵的攝取方法

吸收鐵質的時候，依攝取方式的不同，效率也不同。

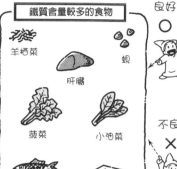

鐵質含量較多的食物

羊栖菜　蜆　肝臟　菠菜　小油菜　沙丁魚乾　凍豆腐　小魚乾　蘿蔔乾　烤海苔

幫助鐵質的吸收

良好 ○

維他命C
蔬菜　水果

蛋白質
肉　魚　大豆製品

要攝取鐵質時……，
　一併攝取蔬菜或水果中所含的維他命C……，
　或是魚或肉中較多的蛋白質……，
　　更能**有效的吸收到鐵質**!!

抑制鐵質的吸收

不良 ×

咖啡　紅茶　茶　紅葡萄酒

但是即使攝取富含鐵質的食物……，
　如果攝取了咖啡、紅茶中所含的**咖啡因**……，
　或是茶、紅葡萄酒中所含的**鞣酸**……，
　　就**無法吸收到質鐵質**!!

因此，要等鐵質吸收30分鐘之外，再攝取含有咖啡因或鞣酸的食品。

【參考】 從調理器具也可以攝取到鐵質

用鐵鍋煮水時……

鍋子或水壺等，不選擇鋁製品而選擇鐵製品，就可以攝取到調理時所溶出的鐵質。

請看！鐵離子就這樣溶出了!!〔注〕

即使用鋁鍋，只要放入鐵塊……

如果是鋁鍋，在裡面放個鐵塊（市售調理用的鐵塊），也能夠溶出鐵離子哦!!

【注】鐵離子是非常微小的粒子，即使溶出，也不會讓調理器具變薄！

礦物質 鋅具有「恢復青春」的效果

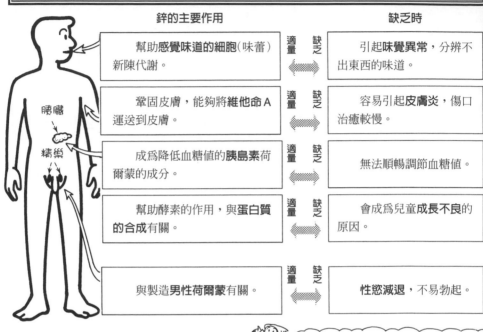

鋅的主要作用　　　　　　　　　缺乏時

鋅的主要作用	適量⟷缺乏	缺乏時
幫助感覺味道的細胞(味蕾)新陳代謝。	適量⟷缺乏	引起味覺異常，分辨不出東西的味道。
鞏固皮膚，能夠將維他命A運送到皮膚。	適量⟷缺乏	容易引起皮膚炎，傷口治癒較慢。
成為降低血糖值的胰島素荷爾蒙的成分。	適量⟷缺乏	無法順暢調節血糖值。
幫助酵素的作用，與蛋白質的合成有關。	適量⟷缺乏	會成為兒童成長不良的原因。
與製造男性荷爾蒙有關。	適量⟷缺乏	性慾減退，不易勃起。

胰臟
精囊

鋅能夠防止體內細胞氧化老舊，而且具有如上圖所示的各種作用。

換言之，它是能夠保持細胞青春的礦物質。

【參考】鋅含量較多的食物

魚
牛奶
優格
肝臟
豆類
蘑菇
未精製的穀物
雞肉
蛋

如左圖所示的食物當中，含有較多的鋅。不過只要攝取一般的飲食，就不會缺乏。

即使拼命舔白鐵皮（用鋅鍍的鐵皮）……，也只能夠溶出微量的鋅，無法發揮作用!!

白鐵皮

礦物質 其他礦物質的作用

除了先前所說明的礦物質之外，下表所列舉的礦物質也有助於身體的作用。

礦物質	作用	缺乏時會出現的情況	含有的食品
碘	●甲狀腺激素的成分，使新陳代謝旺盛	●容易疲倦 ●全身浮腫	海草 魚貝類
鎂	●骨骼和牙齒的成分 ●使得肌肉和神經的興奮性正常化	●引起心悸亢進 ●神經容易興奮	魚貝類 肉 香蕉
錳	●促進骨骼生成 ●保持生殖機能正常	●骨骼變得脆弱 ●生殖能力減退	海草 堅果類 黃綠色蔬菜
銅	●幫助鐵質的吸收、幫助血紅蛋白的生成、預防貧血	●引起貧血 ●容易骨折	肝臟 蟹 花枝
氯	●胃液的成分 ●保持細胞的形狀	●引起消化不良或食慾不振	食鹽
鈷	●維他命B12的成分，能夠預防貧血等	●呼吸困難、心悸 ●肌力減退	肝臟
氟	●存在於骨骼和牙齒中	●成為蛀牙的原因	飲水

不管哪一種礦物質，只要正常的攝取飲食，就不會缺乏。

氯存在於食鹽當中，不可以攝取太多。

【參考】**海洋是礦物質的寶庫**

溶於海水中的礦物質

鈉、氯、鉀、鈣、氟、硫等

如左圖所示，海洋溶入了各種礦物質。

因此，**在海中生活的魚貝類和海草當中，也含有豐富的礦物質。**

每天的飲食中，要積極的攝取魚貝類或海草！！

第11章

復　健

需要他人照顧時・❶ 上半身的復健

【為什麼需要復健？】

因爲疾病而持續臥病在床時，會使得肌肉和骨骼的力量衰退。

這種狀態稱爲**廢用性萎縮**，嚴重時身體無法動彈。

爲了防止這種情況，必須要在醫師的指導之下，以患者不會感覺痛苦的程度，慢慢的每天進行幾次。

上半身的復健

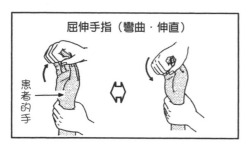

屈伸手指（彎曲・伸直）

患者的手

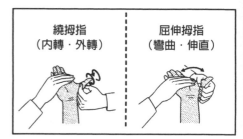

繞拇指（內轉・外轉） ｜ 屈伸拇指（彎曲・伸直）

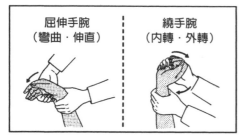

屈伸手腕（彎曲・伸直） ｜ 繞手腕（內轉・外轉）

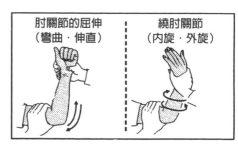

肘關節的屈伸（彎曲・伸直） ｜ 繞肘關節（內旋・外旋）

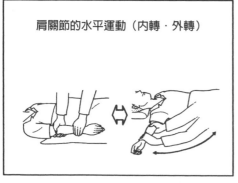

肩關節的水平運動（內轉・外轉）

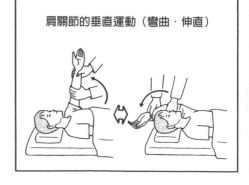

肩關節的垂直運動（彎曲・伸直）

【注】復健用語請參照180頁的敘述。

⑪ 復健

需要他人照顧時・❷ 下半身的復健

下半身的復健

屈伸腳趾（彎曲・伸直）

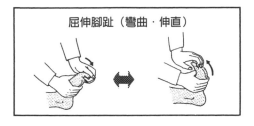

屈伸腳踝（彎曲・伸直）

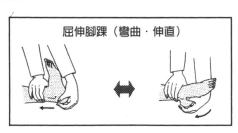

繞腳踝（內旋・外旋）

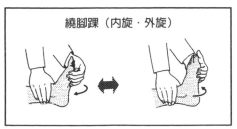

抬起、放下髖關節（彎曲・伸直）

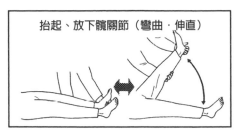

屈伸膝關節（彎曲・伸直）

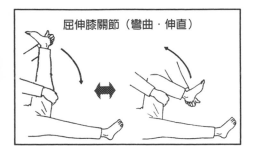

髖關節的水平運動（內轉・外轉）

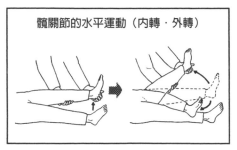

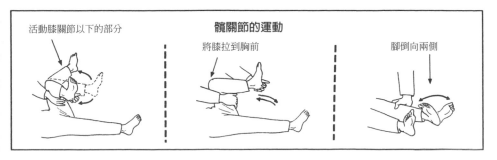

活動膝關節以下的部分

髖關節的運動

將膝拉到胸前

腳倒向兩側

自己能夠進行的復健

上半身的運動

頸部運動

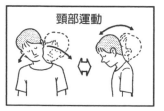

手腕運動

抓著毛巾等屈伸手腕　　　　　用力握緊放鬆毛巾等

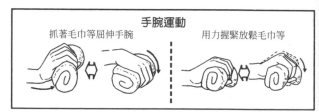

手臂的肌肉運動

四肢趴在地上，
利用手臂支撐身體

拿著較輕的東
西，手臂抬
起、放下

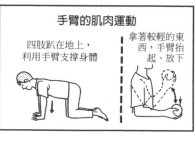

背肌運動

背部後仰

腹肌運動

上身朝兩側扭轉

下半身的運動

腰部的肌肉運動

仰躺，膝直立

腰抬起放下

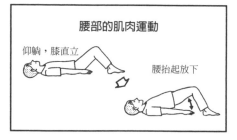

腳趾運動

用腳趾夾住毛巾等

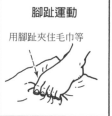

腳踝運動

屈伸腳踝

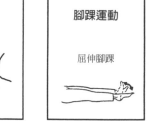

腳的肌肉運動

仰躺，屈伸膝　　　　　趴著，屈伸腳　　　　　側躺，將在上方的腳抬起、放下

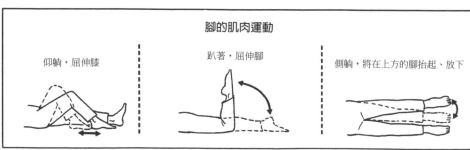

⑪ 復 健

步 行 訓 練

復健有進步，能夠自由的活動手腳、坐著時，就可以開始站立練習步行。

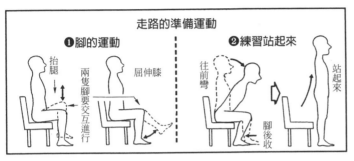

走路的準備運動

❶腳的運動

抬腿　兩隻腳要交互進行　屈伸膝

❷練習站起來

往前彎　腳後收　站起來

正確的手杖高度

從地面到達腰部的高度較好

手杖

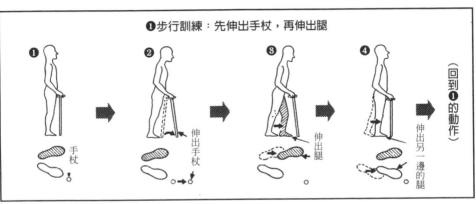

❶步行訓練：先伸出手杖，再伸出腿

❶ 手杖

❷ 伸出手杖

❸ 伸出腿

❹ 伸出另一邊的腿

（回到❶的動作）

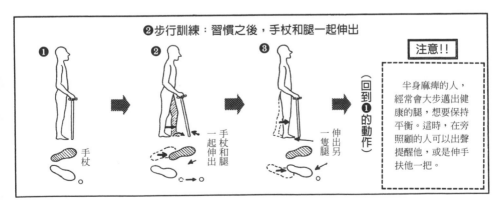

❷步行訓練：習慣之後，手杖和腿一起伸出

❶ 手杖

❷ 手杖和腿一起伸出

❸ 伸出另一隻腿

（回到❶的動作）

注意!!

半身麻痺的人，經常會大步邁出健康的腿，想要保持平衡。這時，在旁照顧的人可以出聲提醒他，或是伸手扶他一把。

附錄・資料篇

- ◆身體各部分的名稱
- ◆身體位置・方向的解剖學用語
- ◆「動作」的用語
- ◆血管圖
  - ……等等

身體各部位的名稱

如下圖所示，手掌朝前，保持直立的姿勢，是解剖學的正位。

下圖介紹解剖學用語及日常生活上的用語。

（圖中所示的用語中，〔〕內是日常生活上的稱呼。）

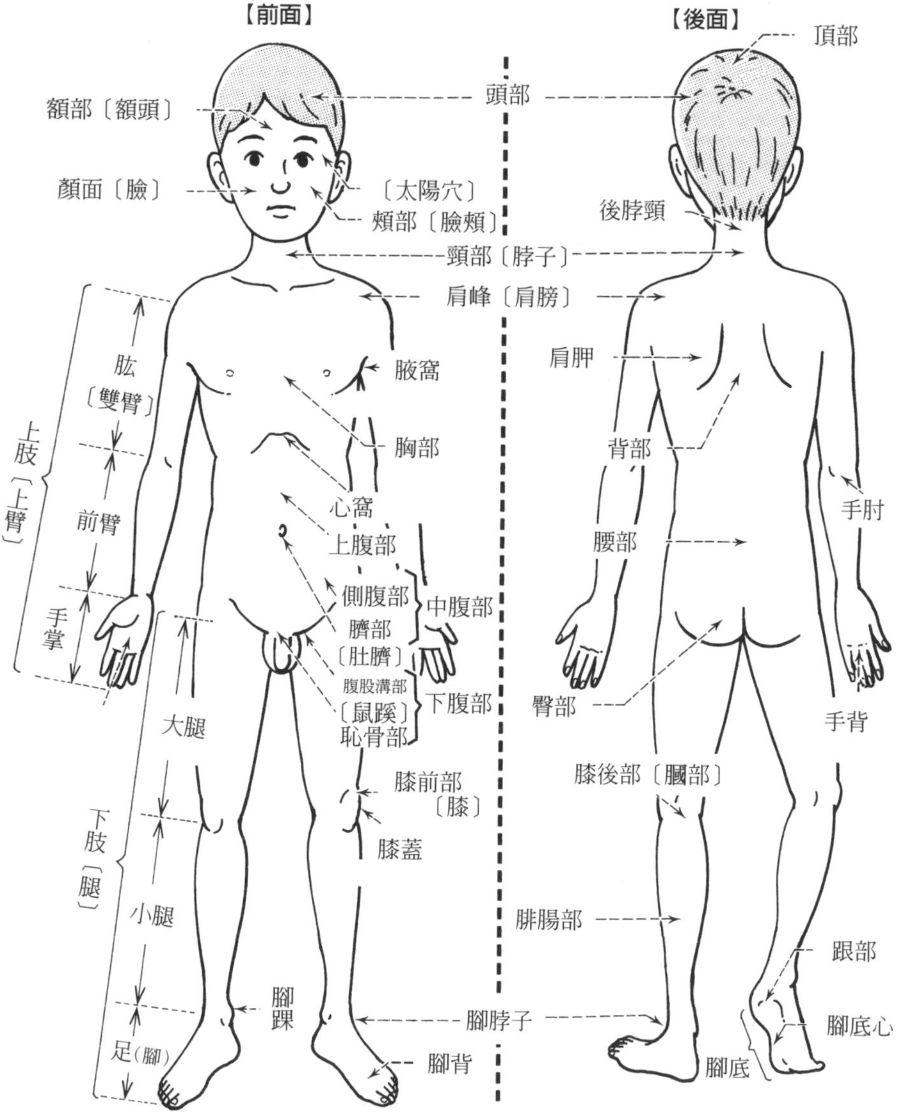

【前面】

額部〔額頭〕

顏面〔臉〕

〔太陽穴〕

頰部〔臉頰〕

頭部

肱〔雙臂〕

上肢〔上臂〕

前臂

手掌

腋窩

胸部

心窩

上腹部

側腹部

中腹部

臍部〔肚臍〕

腹股溝部〔鼠蹊〕

恥骨部

下腹部

頸部〔脖子〕

肩峰〔肩膀〕

大腿

下肢〔腿〕

小腿

腳踝

足（腳）

膝前部〔膝〕

膝蓋

腳脖子

腳背

【後面】

頂部

後脖頸

肩胛

背部

腰部

手肘

手背

臀部

膝後部〔膕部〕

腓腸部

跟部

腳底心

腳底

表示身體位置・方向的解剖學用語

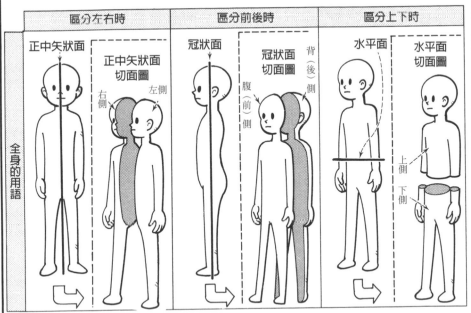

區分左右時		區分前後時		區分上下時	
正中矢狀面	正中矢狀面切面圖	冠狀面	冠狀面切面圖	水平面	水平面切面圖

全身的用語

右側　左側

腹（前）側　背（後）側

上側　下側

手的用語

整隻手臂	手掌	手背
（拇指側）橈側　尺側（小指側）	手掌	手背

腳的用語

腳底	腳背
腳底	腳背

內臟用語

身體的水平切面

接近身體中心側爲**內側**，較遠的則爲**外側**

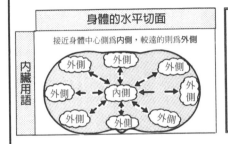

外側　外側　外側
外側　內側　外側
外側　外側　外側

學會正確的用語

要正確了解身體的構造，則記住本頁所介紹的用語，將會有所幫助。

復健時所使用的「動作」用語

手臂·肩膀的動作

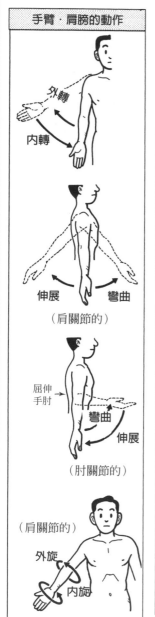

外轉
內轉

伸展　彎曲
（肩關節的）

屈伸
手肘
彎曲
伸展
（肘關節的）

（肩關節的）
外旋
內旋

腳的動作

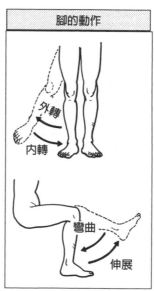

外轉
內轉

彎曲
伸展

前臂的動作

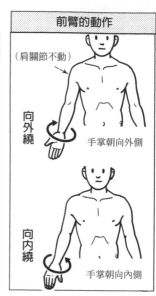

（肩關節不動）

向外繞
手掌朝向外側

向內繞
手掌朝向內側

腳的動作

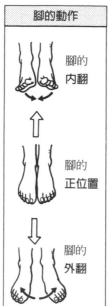

腳的
內翻

腳的
正位置

腳的
外翻

（拇指以外的）手指的動作

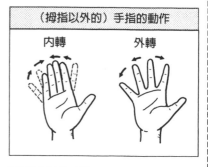

內轉　　外轉

拇指的動作

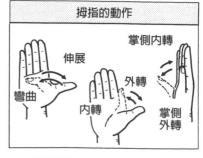

掌側內轉
伸展
外轉
彎曲
內轉
掌側外轉

頭部血管的模型圖

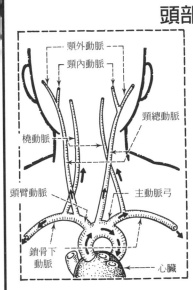

❶頭骨表面的血管

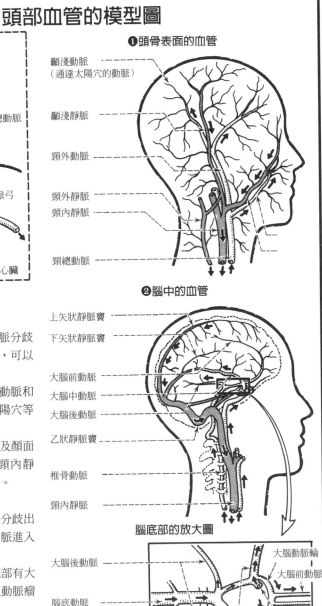

❶頭部表面的血管

由主動脈弓和鎖骨下動脈分歧的頸總動脈，進入頭部之後，可以分為頸內動脈與頸外動脈。

頸外動脈可以分為顏面動脈和顳淺動脈等，將血液送達太陽穴等處。

靜脈則可分為顳淺靜脈及顏面靜脈等，進入頸外靜脈或頸內靜脈，接著再朝上腔靜脈延伸。

❷腦內的血管

由椎骨動脈和頸內動脈分歧出來的動脈通達腦。腦內的靜脈進入頸內靜脈。

如右圖所示，在腦的底部有大腦動脈輪，這裡很容易產生動脈瘤【注】。

腦底部的放大圖

【注】動脈壁變性，形成瘤的狀態。

胸部與腹部血管的模型圖

胸部與腹部的血管分為以下2群。

（⇒動脈　➡靜脈）

❶在動脈、靜脈與心臟進行血液的取捨

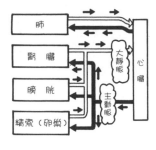

❷靜脈血通過肝臟後，回到心臟

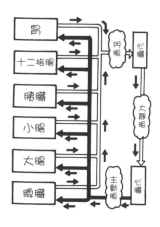

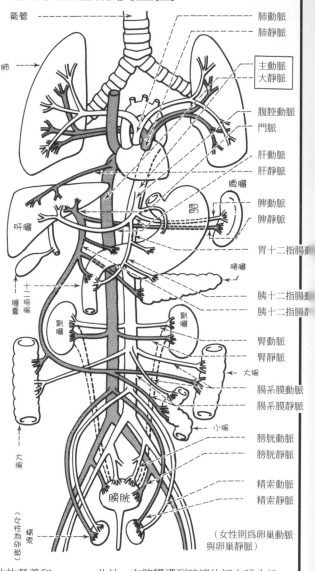

胃或小腸等消化器官所吸收的營養和有害物、細菌等，先運送到肝臟，經過解毒之後，將多餘的養分貯藏起來。

此外，在脾臟遭到破壞的紅血球也送到肝臟，變成膽紅素。【注】

【注】膽紅素會隨著糞便一起排出體外。

循環系統（心臟・血管）的模型圖

循環系統（也稱爲心臟血管系統）分爲以下2個系統。

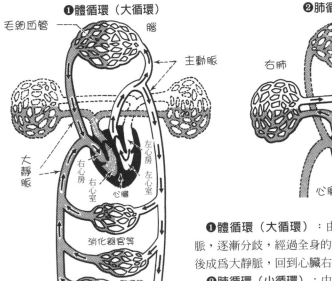

❶體循環（大循環）

毛細匹管　腦　主動脈　左心房　左心室　右心房　右心室　心臟　大靜脈　消化器官等　腎臟等　肌肉等　皮膚等

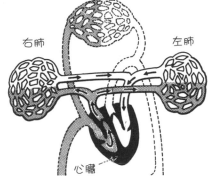

❷肺循環（小循環）

右肺　左肺　心臟

❶體循環（大循環）：由心臟的左心室伸出主動脈，逐漸分歧，經過全身的毛細血管，形成靜脈，最後成爲大靜脈，回到心臟右心房的循環管道。

❷肺循環（小循環）：由心臟的右心室形成肺動脈伸出，在肺的毛細血管進行氣體交換之後，形成肺靜脈，回到心臟左心房的管道。

（關於在肺的氣體交換，請參照166頁的敘述。）

在上述❶的體循環的血管中，有下述「供給」心臟營養的血管。

❸供給心臟營養的血管

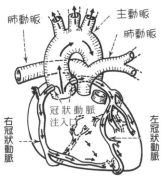

肺動脈　主動脈　肺動脈　冠狀動脈注入口　左冠狀動脈　右冠狀動脈

❹由心臟運出老廢物的血管

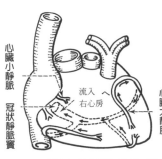

心臟小靜脈　冠狀靜脈竇　流入右心房　心臟大靜脈

供給心臟血管的冠狀動脈，來自於主動脈根部。

所以能夠得到剛從心臟送出的新鮮動脈的血液。（左圖❸）

此外，靜脈並沒有經過大靜脈，直接從冠狀靜脈竇回到心臟。（左圖❹）【注】

【注】有時會通過心臟前靜脈等小靜脈回到心臟。

肺血管的模型圖

〔A〕呼吸道的構造

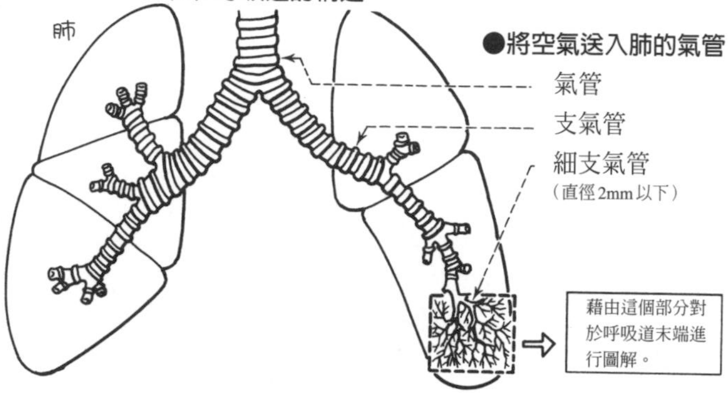

肺

●將空氣送入肺的氣管

氣管
支氣管
細支氣管
（直徑2mm以下）

藉由這個部分對於呼吸道末端進行圖解。

〔B〕肺動脈與肺靜脈

●運送進行氣體交換血液的血管

❶肺動脈
❷肺靜脈

因為是細小血管，所以省略不提

〔C〕支氣管動脈與支氣管靜脈

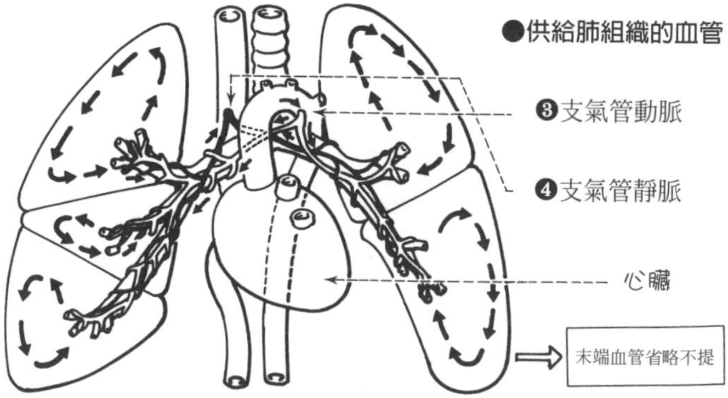

●供給肺組織的血管

❸支氣管動脈
❹支氣管靜脈

心臟

末端血管省略不提

由鼻和口吸入的空氣，來到氣管，通過分為左右支氣管的氣管之後，然後通過在肺中細分的細小管子。

最後到達肺泡。這條路線就稱為呼吸道。

（左圖〔A〕）

沿著呼吸道，有2大系統的血管流經肺。

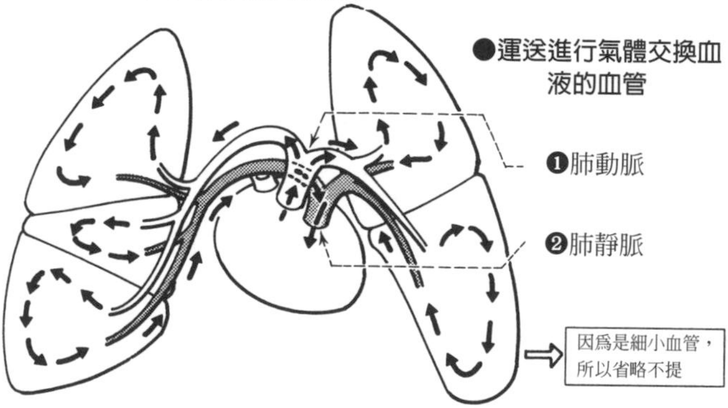

〔B〕在肺進行氣體交換的血管

❶肺動脈：將靜脈血由心臟送到肺。

❷肺靜脈：將動脈血由肺送到心臟。【注】

〔C〕給予肺營養的血管

❸支氣管動脈：由胸主動脈分出來，供應肺動脈血。

❹支氣管靜脈：經過稱為奇靜脈的血管系統，流入上腔靜脈，運出來自肺的靜脈血。

【注】由心臟伸出的血管稱為**動脈**，回到心臟的血管稱為**靜脈**。在體循環中，**動脈**有接受來自肺、富含氧的**動脈血**流入，而在**靜脈**則有從體內組織收集而來、缺乏氧而富含二氧化碳的**靜脈血**流入。但是肺循環則是靜脈血流入肺動脈中，而動脈血流入肺靜脈中。

肝臟血管的模型圖

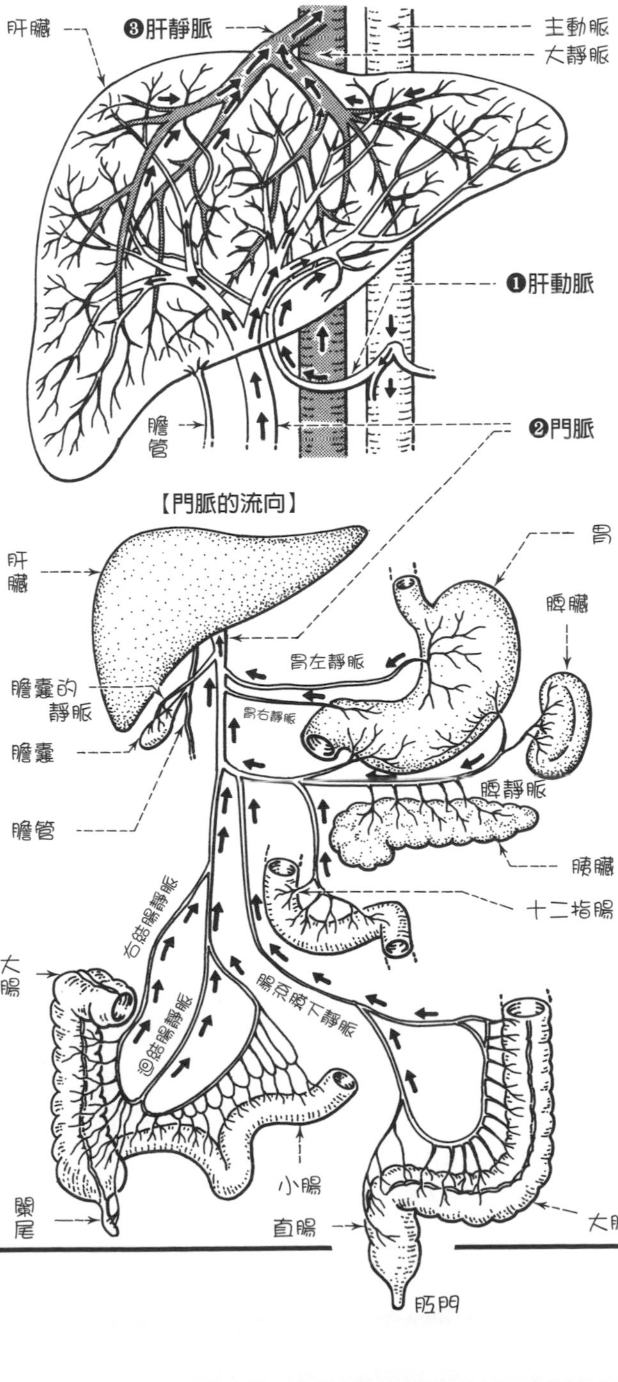

❸肝靜脈　肝臟　主動脈　大靜脈

❶肝動脈

膽管　❷門脈

【門脈的流向】

肝臟　胃　胰臟

膽囊的靜脈　胃左靜脈

膽囊　胃右靜脈

膽管　胰靜脈

右結腸靜脈　胰臟

十二指腸

大腸　回結腸靜脈　腸系膜下靜脈

小腸

闌尾　直腸　大腸

肛門

★出入肝臟的血管

在肝臟有肝動脈、肝靜脈、門脈這3條血管出入。

【進入肝臟的血管】

❶**肝動脈**：肝臟要進行解毒作用和貯藏養分等各種「工作」，因此需要肝動脈給予必要的熱量。

❷**門脈**：如左圖所示，從消化管或脾臟等伸出的靜脈與門脈相連。

含有由這些器官吸收而來的養分及有害物、荷爾蒙等的靜脈血，全部流入肝臟，在此接受解毒作用等的處置。

【由肝臟伸出的血管】

❸**肝靜脈**：

聚集了含有由肝臟解毒作用所產生的物質，以及由肝臟組織產生的老廢物等的靜脈血，送到大靜脈的血管。

此外，雖然不是血管，但是像將膽汁送到十二指腸的膽管，也是來自於肝臟。

膽囊、胃、胰臟血管的模型圖

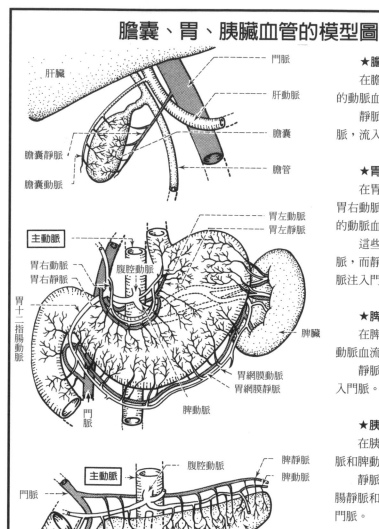

肝臟
門脈
肝動脈
膽囊
膽管
膽囊靜脈
膽囊動脈

主動脈
胃左動脈
胃左靜脈
胃右動脈
胃右靜脈
腹腔動脈
脾臟
胃十二指腸動脈
胃網膜動脈
胃網膜靜脈
脾動脈
門脈

腹腔動脈
脾靜脈
脾動脈
主動脈
門脈
胰臟
十二指腸
腸系膜上動脈
胰十二指腸靜脈
胰十二指腸動脈

★膽囊的血管

在膽囊有膽囊動脈送來的動脈血流入。

靜脈血則通過膽囊的靜脈，流入門脈。

★胃的血管

在胃有來自胃左動脈、胃右動脈、胃十二指腸動脈的動脈血流入。

這些動脈各自伴隨著靜脈，而靜脈血則通過這些靜脈注入門脈。

★脾臟的血管

在脾臟有通過脾動脈的動脈血流入。

靜脈血則是由脾靜脈注入門脈。

★胰臟的血管

在胰臟有胰十二指腸動脈和脾動脈的動脈血流入。

靜脈血則是由胰十二指腸靜脈和脾靜脈送來，注入門脈。

★十二指腸的血管

在十二指腸有來自胰十二指腸動脈的動脈血流入，以及從胰十二指腸靜脈送出靜脈血，注入門脈。

腎臟、直腸、肛門、膀胱血管的模型圖

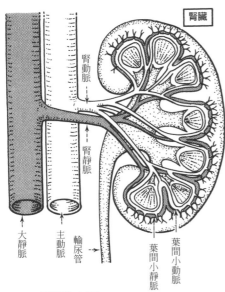

腎臟

腎動脈

腎靜脈

大靜脈　主動脈　輸尿管

葉間小動脈　葉間小靜脈

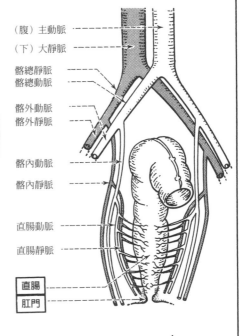

（腹）主動脈
（下）大靜脈

髂總靜脈
髂總動脈

髂外動脈
髂外靜脈

髂內動脈
髂內靜脈

直腸動脈
直腸靜脈

直腸
肛門

★腎臟的血管

因爲要給予腎臟動脈血，所以由主動脈分歧出來的是腎動脈。

腎動脈在變成毛細血管之前，要通過腎小球，在此過濾體內產生的老廢物，排出到尿液當中，進行「過濾作用」。

毛細血管的血液通過腎靜脈，注入大靜脈。

★直腸、肛門、膀胱的血管

主動脈分爲左右的腸系總動脈，又分爲髂外動脈與髂內動脈。

直腸、肛門、膀胱是由髂內動脈所分歧出來的血管供給營養。

而靜脈血則聚集在髂內靜脈，注入大靜脈。

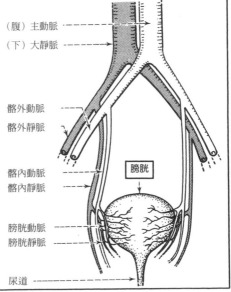

（腹）主動脈
（下）大靜脈

髂外動脈
髂外靜脈

髂內動脈
髂內靜脈

膀胱

膀胱動脈
膀胱靜脈

尿道

國家圖書館出版品預行編目資料

完全圖解健康情報新知，健康研究中心主編，
  初版，新北市，新視野 New Vision，2023.03
    面；　公分 --
    ISBN 978-626-97013-0-8 （平裝）
1.CST：家庭醫學 2.CST：保健常識

429   111021665

完全圖解健康情報新知
健康研究中心主編

出　　版　新視野 New Vision
製　　作　新潮社文化事業有限公司
　　　　　　電話 02-8666-5711
　　　　　　傳真 02-8666-5833
　　　　　　E-mail：service@xcsbook.com.tw

印前作業　東豪印刷事業有限公司
印刷作業　福霖印刷有限公司

總 經 銷　聯合發行股份有限公司
　　　　　　新北市新店區寶橋路 235 巷 6 弄 6 號 2F
　　　　　　電話 02-2917-8022
　　　　　　傳真 02-2915-6275

初版一刷　2023 年 6 月